張力中的——

孤獨力

孤獨，讓學習與思考更有威力

張力中——著

方舟文化

PART 1

隻身奮起的職場，是一個超大型實驗場

目錄

PART 2

PART 3

目錄

推薦序

關於職場，老闆只能給你舞臺，你要靠自己卓越

承億文旅集團董事長／戴俊郎

此次收到力中（我還是習慣叫他Kris）的邀請，為他的全新著作《張力中的孤獨力》寫序。數日來佐茶靜心閱畢，彷若身在一部期待已久的電影場景，並重新洗鍊那幾年的時光。我感謝他曾在承億文旅服務過的那段日子。

Kris的新作以「孤獨力」為主旨，試圖引領每個職場「修煉者」隨時做好準備，以便好整以暇地面對挑戰及困境。文中Kris的許多想法，讀來勵志奔騰，我身為集團董事長，著重的是他勾勒出的另一個職場面——那是身為頭家、企業責任者、領拓者的職場，或許更為孤獨。我期待讀者雖不能「身受」，但至少能嘗試「感同」，這其中還包含我近幾年培養年輕幹部的期許。

我從小家境不好，十八歲開始工作，**匱乏成為我最大的動力**，回首一望，已在職場打拚近三十寒暑、面試超過千人。這些年我常思考，面試及就業如同男女相親交往；進入職場後，則是一段過程，這當中的每一次互動都存在對話、思考、遠望及摸索，但如何能引領每位修煉者返回內心、找到核心價值、成就更好的自己？絕大部分的關鍵，也許在於當初給予機會的人，也就是身為老闆的我們。

創立承億文旅後沒多久，我就開啟「館長擂臺賽」機制，所有集團同仁不限年齡、年資、部門、性別，只要有企圖心者，就能報名參加內部競賽，藉由簡報新館經營計畫的競賽爭取晉升機會。有別於一般企業層層疊疊、耗時費日的升遷制度，這套別出心裁的晉級方式，起心動念於我當初創立承億文旅的企業使命：「年輕人實踐夢想的基地」。一路走來，我無愧於心，即便付出了不少代價。好比看年輕人發揮天馬行空的創意是很有趣的事，但看著他們出錯又是另一回事。我願意給予有企圖心的年輕人機會，也從旁觀察他們的不足與成長，長久下來，我才發覺，**「包容」竟是我最大的職場孤獨修煉**。

這幾年承億文旅持續壯大，二〇一八年中，我們再開新館「墾丁雅客小半島」，以及籌備承億文旅第一間離島飯店「小琉球新館」。二〇一九年春季，在喜愛承億文旅的旅人支持下，「桃城茶樣子」榮獲網路票選活動「全臺最美飯店」殊榮。要做、想做的計畫還太多太多，偶爾我自己都感嘆，是否給底下的年輕人太大的壓力？他們回我：「老闆都不怕我們犯錯了，我們怕什麼？」當老闆的當然都怕員工犯錯，但**身為老闆，我更想給你舞臺、看你卓越**。

回到孤獨力的職場修煉，「獲利，是企業的責任」這句鐵律是每個企業掌舵者責無旁貸的目標，而每次的用人，都在考驗企業主的信心。創造被利用的價值，正是決定你舞臺大小的關鍵。首先，你得珍惜被看到的機會，而後再靠自己卓越；更甚，借力使力地在最適合自己的舞臺發光發熱，讓更多人看見你，彼此助益。

我肯定Kris不僅是這個舞臺的卓越者，也是將承億文旅知名度帶往高處的重要推手之一。儘管他已離開老東家，逢年過節也不忘捎來問候，今年農曆春節回臺灣時，他更特地前來嘉義拜訪我與幾位老朋友，大夥相聚一起吃飯話當年、聊文創、談旅遊。席間，我望著Kris的雙眼閃溢著光芒，仍有當年初識時的那股衝勁，我由衷開心，也甚感榮幸。試想，一段成熟的職場關係不正如此？**相聚時彼此**

互託真心付出，分開時亦誠心祝福相互肯定。

職場注定是一段孤獨的修煉，無論你是正在道場或正準備前行，本書是一本值得反覆閱讀，且非常適合年輕世代的職場書佳作。Kris 以最細膩的文字，帶領讀者窺見職場的真相，並將之化作動力，成為無愧自身的孤獨力修煉者。祝福大家皆能找到並珍惜自己的舞臺，並竭盡方法使自身卓越。

最後，我要再次誠摯推薦 Kris 新作，並預祝長年暢銷。

（本文作者戴俊郎，務實又奔放的企業家，喜歡畫畫但怕當建築師會被業主罵，當畫家又怕會餓死，便以當建設公司老闆為目標。十八歲開始工作，二十四歲創業，陸續創立承億開發建設、三本營造、承億文旅、承億輕旅、微風岸港式飲茶等。常為了住特色飯店而旅行，相信飯店才是旅行目的地。承億文旅集團至今全臺共有十間特色旅店，雖是連鎖品牌，卻不追求複製化，致力將每個城市的文化樣貌，透過旅宿帶給世界各地的旅者。）

推薦序

清晰即是力量

王品集團董事／楊秀慧

日前作者力中來訊邀序，表示自己即將把過去十四年的職涯經歷集結成冊，旨在探討「孤獨力」。全書收錄了他一路走來，曾經迷網、孤獨、不服輸、得意的歷程，最終透過孤獨力的修煉，在人生與職場中走出自己的一片天。

力中在書裡，將各種來自工作上的實務洗禮，粹練且系統化地整理成孤獨力練習曲，獻給所有職場中努力不懈的修煉者。對於他的動機與初衷，我個人深表認同，並給予鼓勵與支持。

在漫長的職場及人生中，**最難得的，就是認識自己**。大家都曾想過，自己究竟與內心中那個「最想成為的自己」有多少距離？對自己的認識到底有多少？職場總是有忙不完的狀況、網路世界有著爆炸的資訊量、生活節奏更是匆忙快速，我們已經很少有機會少靜下心來，環顧周遭一切的人、事、物；也越來越沒有時間與自己對話。

我非常建議職場上的夥伴們，不論生活與工作有多忙，都必須留予自己一些獨處時間，**靜得下來才能創造更清明的自己**。這也是力中何以在書中不斷提出修煉孤獨力的原因。以我個人為例，我平時非常喜歡跑步，偶爾也會參加馬拉松路跑；工作之餘也經常騎腳踏車或爬百岳。運動除了能健身，更可以在過程中抒發壓力，並與自己獨處、與內心對話，最終找到清明的自己。

我見過不少年輕工作者，在專業上盡心盡力之餘，也很清楚知道自己要什麼、不要什麼，有著不從眾的獨立想法與見解。我特別喜歡與這些有能力發現問題、解決狀況的人共事。**不從眾，你就能創造差異，走出一條不同以往的路**。

但相對的，也有很多工作者一直不是很了解自己，上班時既不愉快，也缺乏成就感，經常抱怨東、抱怨西，好像全世界都欠他，找不到工作與生活的意義。他們之所以花這麼多時間怨天尤人，搞得自己這麼不開心，背後其實都是因為害怕改變、不敢離開舒適圈。更進一步來說，**這些人根本不知道自己為何而戰**，只得一直重複惡性循環，儘管不盡人意，也只能得過且過。我的想法是，**與其抱怨，不如「抱願」——讓思考轉個彎，大力擁抱願景及願望**，一切將會很不一樣。而改變思維的一大前題，便是清晰地找出自己要的是什麼。

現代社會儘管資訊豐富、取得容易，但多半是些無用的訊息。**面對這樣的世道，清晰即是力量**。以色列歷史學者哈拉瑞（Yuval Noah Harari）在個人暢銷書《21世紀的21堂課》中提到，「過多資訊干擾容易讓人疏於清晰與清明，要有清晰的思緒，你必須可以忍受得了孤獨」。由此可見，**孤獨是追求清晰思緒的必要條件**，而孤獨力的修煉更需從平時一點一滴的練習中累積而來。

力中在這本書裡，以輕鬆幽默的文字，娓娓道出個人職場上的大小故事，並將自身經驗與孤獨力修煉完美結合。讀者在讀完每一個章節後，便能依據篇末整理的**「孤獨力修煉課」三步驟**，輕鬆地鍛鍊孤獨力。

衷心希望透過孤獨力修煉，能讓更多努力不懈的職場工作者，找到最清晰、清明的自己，活出精彩的人生。

（本文作者楊秀慧，現任王品集團董事。東海大學會計系畢業，後取得中興大學EMBA碩士，具會計師證照及稽核師證照。曾任職於安侯建業聯合會計師事務所。工作經歷包含王品餐飲集團執行長、總部總經理、財務長、稽核長、人資長、夏慕尼事業處總經理、義塔事業處總經理、中國子公司總部總經理。）

推薦語

從年少得意到失業，又重新站起引領風騷，這位承億文旅前品牌長，北漂到了中國首家幸福系統營運商「奧倫達集團」。熱帶的北回歸線和冬季苦寒的張家口，交織成書中如冰似火的篇章。這本書是力中**精彩萬分又難以定義的職場思辯錄**，仿若一場塞外捲起的千堆雪，又狂又美，鋒利如刃。

我想起他今年初站在涷結的官廳湖上寫過的文字：「此時構成的世界如真空般，毫無生機。回望湖的另一端，還能看到我的住處。剛才，還在溫暖的屋裡寫作，現在，我獨自站在冰天雪地。此刻能證明這個世界，我來過了。」

力中精彩的文筆及見解，帶我們到一個奇異又真實之境，而這一切都是因為孤獨的緣故。

薰衣草森林執行長／王村煌

力中是我採訪臺灣嘉義承億文旅時認識的朋友，因為他的協助，工作得以順利進行。初見他的時候，感覺得出他因為與企業文化不合拍，過得並不開心，可是他仍然十分敬業。原本以為他撐不了多久（笑），出乎意料地，他繼續奮鬥許多年，然後在一個很好的職位上優雅轉身，轉戰北京。

我想說的是，年輕人在職場上最難動心忍性，連比他大上十歲的我都沒辦法，可是力中做到了。在北京工作的經驗，也讓他得以**將多年來鍛鍊的職場心法發揮得淋漓盡致**，**有更大的舞臺施展長才**。

今天看到他將自己的職場心得集結出書，分享給更多需要的人，很為他高興。力中，祝福你。

《商業周刊》主筆／單小懿

在這變化萬千的世代，我們是否總直覺地判斷每件事物的優劣與對錯？而「孤獨」一詞其意究竟或褒或貶？亦或僅只是個中性詞彙？

力中萃取人生經歷，將「孤獨」重新定義為一種力量，讓自己在困境中抽離當下情緒，展開修煉與自省的模式；當我們放下「我執」，便能如旁觀者般理性分析眼前問題，進而奮起前行。

這趟修煉之路雖崎嶇難行，卻在閱讀此書後讓人擁有力量，準備上路之人得以穿上裝備；在路上之人得以堅定信念，理解孤獨並不可怕，可怕的是我們從不願探究自己內心深處的恐懼因何而來。

孤獨永遠不會消失，只有懂得與之共存，才能找到自己的孤獨力。

貳樓餐飲集團營運中心總經理／劉翼儒

學生時代上英文課，老師告訴我們 lonely 和 alone 不一樣。前者是寂寞；後者是獨處。但我們常常把獨處跟孤獨混為一談，通常孤獨帶著寂寞的情緒，但其實孤獨是給自己更多的時間、積極地自我對話。從書中一再強調「降噪」的過程中，我把自己從紛紛擾擾的是非中抽離出來、澄澈自己的心境，最終達成清明的判斷。

套句流行歌手的歌詞「孤獨本是生命的常態」，但夢想才是前進的燃料。**從力中的孤獨力中，你會看見積極的生命力、勇於冒險的夢想力，還有成熟而不世故的判斷力。**

讀完本書，你將學習到孤獨的正能量，並開啟命運的自動導航裝置，航向美麗但未知的新世界。

全聯福利中心行銷協理／劉鴻徵

自序
職場不是傳奇，但我一直在路上

首先，我想把這本書，獻給我的母親陳月紅女士，她是我人生的重要導師，對我的人生帶來了許多啟發，支持著我在職場拚搏的一路走來，給我力量，令我無所畏懼。

寫下這篇自序時，我人在北京與河北懷來的交界處，傍著名為官廳湖邊的住所獨居。猜想湖面應還未結冰，因為尚不到供暖時刻；空氣是凍的，窗外是典型北方大地秋日氣候的蕭瑟。山楂樹上結滿累累而圓潤的紅色果實。午後湖畔周圍的廣邈林原，還殘留些許綠意，卻已然催黃許多，耽美而靜謐。居住的小區內有清潔阿姨，定時在園區內維護環境清潔；幾個農民工老大叔，鋤草種樹，身體與臉上的皮膚，因為長年的戶外勞力活，都已呈現深褐色的乾癟質地，布滿了皺紋，似乎終其一生。

十五年後的第三本書，來得有點意外，好像有些新鮮的念想，忽爾被熱烈地打開。多年來，職場風景從臺中、到嘉義，然後離開臺灣一千多公里，來到如今的北京生活。職場中經歷過些許轉折，自身內化著沿途而來的所有人事物，連接或縫合，然後成為生命裡的一部分，活成現在的自己，一回望，已經四十歲了。

我沒讀過大學，卻有碩士學歷

一直覺得，自己的人生雖稱不上傳奇，卻也走得有點不太尋常。可能，要從我從沒讀過大學這件事開始說起。十九歲那年，在工專四年級開學之前，因為學分實在積欠太多，自忖延畢好幾年也畢不了業的情況之下，靈機一動，反正對工科也毫無興趣，於是，毅然決定休學轉唸商科；之後，也非常僥倖地考上了二專。畢業後入伍，退伍後以同等學力，補習後一年，跳級考上研究所，順利畢業了。對，**我沒讀過大學**，**卻擁有碩士學歷**，這件事著實讓很多人很難理解。只有在每次轉職時會被提及，而面試官總會對這件事充滿困惑，然後我又得花一番心力解釋，卻也換得似懂非懂，直對眼前的我好奇端詳。

那年，二十多歲的我，順利跳級拿到碩士學歷，在準備投入職場前，強烈地意識到，如果我那時想都不想，依循多數專科生的路徑：進補習班補習、插班考大學；再補習、再考研究所，那我的人生得花掉多少時間？跳級這件事情是個純屬意外，卻也啟發了我對於很多事情的可能性與想像。當下靈光乍現，自覺好像有一個什麼開關被打開似的，而且似乎有點管用。

孤獨力——在獨行路上踽踽前進。越孤獨，越有力量

多年來，身在忙碌的職場人生裡，當回歸自我時，我常感到孤獨。**實則我也蓄意讓自己保持孤獨，孤獨感是我力量的泉湧核心，也令我明心見性。**職場生涯裡的從眾心態，常常是人感到徬徨的原因，因為缺乏獨立思考，怠惰消極的從眾之心，令人根本不知道自己要什麼；同時，常為外界紛擾訊息與同儕所影響，人云亦云、見異思遷，自甘當一介平凡上班族。最終，你發現所有人都已在自己的人生裡前進，你卻還在原地。本書所提及的孤獨力，並不是教你離群索居，或是不與同事

來往。而是**在思想超脫常模之際，你得開始學習享受孤獨，並利用原生的孤獨感，替你指路；用一顆孤獨澄澈的心，擁抱喧囂多變的職場**，很多事情來到你面前，你會忽然看得很清楚，無所遁形。

我常認為，職場不是傳奇，也沒有充滿神話。當代雖然有很多年輕創業家致富等新聞，聽來令人羨慕，但總為少數。多數人都是必須歷經一些過程，平凡踏實地走過每一步；透過累積，讓自己來到一個高度，終成自我實現。這樣的孤獨感，到最後，都會化成一種專屬於你的風格，你的身旁周遭會開始改變，因為你的獨特，吸引到一些特別且有趣的人。這本書不是一本勵志溫情的雞湯文，也不是什麼職場教戰手冊，我只希望透過我持續在職場的修煉，分享給跟我一樣，至今仍在職場努力的人們。多些敞開與覺察、了解自己，學習如何自處，並檢核、確保你一直在同一條路上，一直走到你想要看到的風景。

關於孤獨力的修煉，充滿實驗性與冒險性，所以未知、恐懼與不確定性，將與你終日常伴，在這條踽踽獨行的路上，你一定會感到恐懼，但又如何？越恐懼，或說越孤獨，越有力量。因為你知道，再不改變，你將失去更多。

勇於不同，拒當保守、面容模糊的避險者

時間回溯到二十六歲，記得那晚，收到廣告公司的入職電話通知後，我一個人到老家附近的麥當勞，想簡單慶祝一下。坐在二樓面向窗外的座位，腳下是流動的車水馬龍，魚貫下班橫衝直撞的機車人群，一如你所熟悉的臺灣街道日常。我嘴裡嚼著漢堡，自以為認真地內省一番之後，還在懵懂與惶然之際，而我知道，**我想過一段不一樣的職場人生，拒絕當一個保守、面容模糊的風險趨避者**；或是到了四十多歲還戴著安全帽，在城市大街小巷奔波，只為了一份微薄薪水的中年人。

忽然，在那個當下，我強烈的危機意識提醒著自己：我已二十六歲，是非常晚熟的職場新鮮人了，所剩的時間不多，我必須趕快想出一些對策，再慢下來，錯過了時機，生活就要淪落成為一眼望到頭了。此刻開始，即將而來的職場，對我而言，是一個超大型實驗場。我決定做些出格變異的改變，讓自己的思維是特異的、具有高度個人鮮明色彩的。**雖然肉身處在體制內；但是思想上，卻是體制外的，用我的方式役於職場之上，毫無框架、不循常模。**

後來，源自於這個實驗性的瘋狂念頭，我做過些什麼「有趣」的事？你一定很想知道。過去還在臺灣時，因為工作關係，讀者們可能偶爾會見到出現在媒體上的我。現在，你能透過這本書，認識真正的我，**作為一個職業經理人，我的職場修煉歷程、品牌創意思維導向**，也希望讀完這本書，能為你的職場人生，真正發揮一些作用。

在開始之前，也要由衷感謝方舟文化的邀請與支持，我認真覺得，他們也很瘋狂。

前言

感覺孤獨，卻輕鬆，游刃有餘

我孤獨冷靜地，望著瘋狂怪誕的職場，狼煙烽火裡，有人慈眉善目、有人歇斯底里、有人埋頭苦幹、有人滿腹密圈。然而，在所有未知還沒發生前，眼前的一切，都是如此混亂，充滿實驗性質與樂趣。孤身而立，觀想之間，心性凜然超脫，肉身卻是積極入世，十分庸俗；有時也像個無賴一樣，躺臥笑看眾生相。

職場是中性的，從沒有真正的勝負與對錯，只有對位與本位的關係；也沒有所謂好人與壞人，只有為了生存，自我賦予如本能般，應該扮演的角色；也沒有所謂留下或離開，只有江湖再見。這一齣流動的職場實境秀，我們準備給自己定義什麼角色？未來，我們又將何去何從？

每個人都有自我定義的生存意義與信仰，遺憾的是，任選一款，你不一定會得到你要的答案；殘忍的是，你一定會失去很多，但你無從逃避、無以為繼。**就只**

給自己留下最少的本我，給出這職場與所有人最多的餘裕，與敞開。就這樣努力去成就所有人，後來，也提升了自己。

身在職場，雖常感覺孤獨，卻輕鬆，游刃有餘。

PART 1

隻身奮起的職場，是一個超大型實驗場

——唯有孤獨，才能讓學習與思考更有威力

你腦海裡想像那些僥倖的成功畫面與場景，其實，最終都不會發生。當真正的成功來臨時，它只會像是在某個尋常早晨起床之後的尿意，於是你走向廁所，你不會感覺到特別。當你感到煩躁或痛苦到受不了時，就悄悄打開你的自動導航模式，心靈緩解一下，讓肉體代替你駕駛。

有些人生轉折，始於一場意想不到的意外

——寫在進入職場之前：我沒讀過大學，卻有碩士學歷，因為電梯開錯了門

說到孤獨，令你聯想到什麼：負面、消極，還是一齣悲劇？事實上，**孤獨只是一種情緒，不以人的意志為轉移；孤獨不因你而孤獨，那是你認為孤獨令你感到孤獨**。更甚，孤獨並不只為你所理解的那一種詮釋方法，多數人都沒能覺察，僅當它是一種自溺的意境，或耽美的囈語。

職場，是具備某種定向功能的概念場域，狹義來說，它就是一個辦公場所，裡面的組成，是人。身在其中的人，受到這個場域的規範而遵循。簡言之：職場，是有意識性的大型集體活動，制約你從眾，你付出心力，它付出報酬的捐輸關係，這是大多數人的刻板認知。長年迄今，且你渾然不自覺地依循。但今天，當你讀到這段話時，它是一把鑰匙，現在，就解開你刻板印象的枷鎖，職場從不是你想像的那樣。

誠如本章標題所言，我認為，職場是一個超大型實驗場，充滿太多新意與可能，**我希望你此刻開始，甩開從眾隊伍心態，用全新視角審視職場，帶著孤獨奮起**。對我而言，職場裡的孤獨，是種修煉與內省。孤獨是一具精神性網篩，那從外界四面八方而來的訊息，經過孤獨的篩漏，沉澱下來的，都成為澄澈的洞悉。孤獨幫助你為思想建立新秩序與判讀機制，透析職場的各種現狀、危機與荒謬。終究，你異於常人，思想，也役於常人之上。所以，我們先意識到職場中懷著孤獨的必要，修煉，然後，產生了孤獨力。

多數人身處於傳統定義的職場裡，為想保有一份工作，風險趨避、享受安逸、榮辱不顧、懼於改變，更害怕改變後未知的風險；於是，把寶貴的職涯決定權，雙手交奉職場，唯唯諾諾，由它主宰。有天，當不再受到眷顧時，最終只得淪落至慘笑，這故事多有所見，其實，我們何須如此？

正式進入本書主題前，我有個故事想告訴你。有些人生轉折，總始於一場孤獨的念想，終於放手一搏的自我擊破。**必須由你親手解決上一秒的自己，你才有下一秒新生的開始。**

電梯開錯門，我一腳踏進人生交叉點

場景出現在臺中舊城區的干城車站，站前氣氛浮躁瀰漫。周邊客運站騎樓內，擠滿準備離開或是剛抵達的川流人潮。一如往常的週末，我在附近小吃攤隨便打發午餐後，隨著補習班人群，蹣跚魚貫地往補習班走去，在車站附近的深巷內。

那年我剛退伍，只有二專學歷，拿著當兵兩年存下的薪餉，報名了插班大學轉學考試，開始為期一年的重考生活。被安放到這種體制常模，就像是倒進雞蛋糕模子裡的麵粉糊，想像著加熱一會兒，「喀」的一聲，倒出來的雞蛋糕，三個二十元，熱呼呼的，各個長得一模一樣。

「啊，這是什麼人生。」午餐過後，雙手插袋獨自步行的我，常如此自問。補習生活裡，我沒有與任何人交好，學伴、友情什麼的我都覺得麻煩，索性省略這些關係，決計獨來獨往。而某個尋常下午，來了一個不尋常轉機。當時補習班樓層安排是這樣的：一樓是報名櫃檯，二樓是研究所教室，三樓是插班大學教室。「叮」一聲步出電梯後，我走了幾步，查覺到異狀，發現四周場景不太一樣，看到指標，這裡是研究所的樓層，原來我走錯了。正想扭頭轉身上樓時，發現張貼各種文件的布告欄，紙頭黃的紅的綠的，我好奇走近。

一份文件吸引了我的目光，上頭載明「退伍後只要有一年工作經驗，專科畢業生可用同等學歷報考研究所」。讀到這裡，我全身一陣寒顫，不確定這種感覺，**是一種人生即將產生重大變化的預感，還只是單純尿急。**我冷靜走向行政櫃檯，買下這份簡章。櫃檯工讀生沒見過我，直追問我是哪個班級的，我沒理會她。直到晚間下課，回家後我將自己關進房間，認真地將簡章逐句讀完。

我蒐集情報，得出幾項要點：商學研究所考試科目，與插大轉學考雷同，經濟學、統計學、管理學等，差異只在難度而已，多數是考古題。除統計學外，大多是自由發揮的申論題。加上時間差，如果研究所成績不理想，還有轉學考這條後路。得出這些結論後，不知為何，我燃起希望與莫名鬥志，也不知哪來的自信。

於是，我安靜地完成了五間研究所報考，沒與任何人討論。在當時，知情的人一定會想辦法勸退我，叫我安分地把插班大學考好就好，不要浪費報名費、不要東想西想，你是考不上的。但是，**如果眼前有那麼一點機會，為何不嘗試？**一想到當我萌生這念頭後，在毫無作為之下，又要殘酷地打消它，回到那個轉學考的龐大隊伍，實在太痛苦了，所以我決定冒險放手一搏。

我著魔似地奮起，每日大量做考古題。然而，事情沒這麼簡單，大學都沒讀過的我，怎能夠克服研究所考題？這些題目對我而言，相對高深與艱澀。就在大量填鴨考古數月之後，隔年，考試如期登場。結果很欣慰地，那年所有出題教授，也都奮起了——考古題幾乎一題也沒出！各間都是全新考題，唯一不變的，是依舊的艱澀難解。我硬著頭皮，南北奔波，將所有考試考完。

研究所考試分兩階段：第一階段是筆試，筆試成績通過後，才是第二階段口試。綜合兩項成績之後，才公告正取或是備取。很遺憾，隨著時間推進，每間放榜的筆試都沒通過，成績差強人意，心裡各種煎熬。直到一星期後，最後一間私立大學研究所捎來通知：我筆試通過，可順利進到第二階段口試。

我鬆了口氣，轉學考參考書也都甩到一邊了，滿心等待口試那天到來。每天輕快地敷臉、練習口條，大量閱讀時事，聽ＩＣＲＴ以防英文口試。當滿懷欣喜地去口試時，迎接我的，竟又是一場打擊。

「你只是專科生，怎麼會想來考研究所？」

口試教授有三位，分別安排在三間會議室。第一場不過不失，很快結束。第二場，是位女性口試教授，她沉著臉，看了看我的資料，帶點輕蔑嘲笑的語氣質問我：「你只是一個專科生，大學也沒讀過，有能力面對研究所課程嗎？是不是有些好高騖遠？要不先從插班大學讀起，對你可能比較好。」她冷峻地質問，讓我有點自卑，我感受到挫敗，最後，在空氣有些尷尬的情況下，她簡單打發我離開，結束第二場口試。

接著第三場，口試教授滿臉笑意面試我，我逐一回答提問，他頻頻滿意點頭，直到口試結束前，他才看到我的學歷。與第二場口試時的女教授不同，他眼睛一亮：「你只是專科生？怎麼會想來考研究所啊？真少見，好厲害喔！」我被他的開朗情緒觸動，儘管心中寬慰，但仍笑不出來。只覺得這段時間以來，孤獨而努力的心意，似乎被認可了，當下有點想哭。**清晰記得那天，我顫抖地說：「老師，我想讓人生有些改變，我很努力，也盡力了。」**

當下我真的已耗盡心力，再給不出更多。也做好最壞打算，準備回歸插大轉學考的隊伍，只是仍在做最後消極哀傷的頑強抵抗。教授愣了一下，沒說什麼，滿臉笑意地低下頭，打完分數，就請我離開。幾週後，我獲得備取第二十三的資格，沒希望了。我不知道為何要這樣折磨自己。

然而，經歷一番忐忑的遞補等待，奇蹟般地，我錄取了。

就這樣，**我成為沒讀過大學，只有專科學歷的跳級碩士新生**。放榜後某天下午，我回到補習班，當時與一位經濟學老師滿談得來，我想與他簡單道別。等在教室門外，聽著課堂內裡麥克風迴聲嗡嗡作響，心情有點恍惚。下課時間，我走進階梯教室後的教師桌，對他說：「老師，我考上研究所了。」一開始老師還搞不太清楚，我將這幾個月的經歷告訴了他。聽完之後，他瞪大眼睛，忽然開懷地笑了出來，並從座位上跳起來，對著在教室裡休息的同學們大聲拍手：「同學們，這位同學用專科同等學歷，跳級考上研究所，非常厲害，你們轉學考也要繼續加油啊。」

一時之間，在場所有人像是隔著長河，全擠在河的另一岸，不可置信怔怔望向我。而我，已成功涉水過岸，全身濕淋淋，狼狽獨自望向他們。原以為自己可能只是插大轉學考模子的雞蛋糕，現在竟變成賣價稍微好些（但也濕軟軟）的章魚燒了。如果沒有數月前那個瘋狂決定，我現在仍與他們一樣焦急與迷茫。沒想到我這樣一個無賴，也能有如此奢侈的時刻。

離開補習班，每個教室窗格，透出燈火通明。**第一次，我感受到孤獨，像是把火炬，沉靜又明亮，無聲引導我，與人群反方向，脫隊孤身前行。**

感謝當時忍受孤獨、踽踽獨行的自己

在那之後的十年，我已是承億文旅集團品牌長，當年，承億文旅剛轉型全國品牌，準備大舉找點擴張。某日週末，我下午接到房仲電話，表示舊干城車站前有棟大樓想出租，詢問有無興趣接手，我與同事應允開車前往。一到現場，沒想到竟是當年的那間補習班。我站在廢棄殘破、停業許久的大樓前，只覺百感交集。離開前，我彷彿看到當年的自己，同樣的週末午後，百無聊賴地，低著頭雙手插口袋，走回補習班，與我擦肩而過。我低聲謝過，**那時他忍受孤獨，踽踽獨行。**

孤獨不是負面詞，也不是選擇孤獨的人，就比較高尚。孤獨是身在常凡世間的一種入世修煉，是一種降噪與內化的過程，孤獨，從來都是自己的事情，與他人無關。孤獨成一種境界，會感到從容無比，沒有什麼比你自己，更了然於心。

兩年後，我順利拿到碩士學位，奔赴職場。那年，我二十六歲。

孤獨力初級修煉　第一課

- **第一步：停止安全感的過度攝取，開始培養本位感的孤獨。**孤獨，才是恆常的本質與驅力。我知道這不容易，但你必須有一個開始。
- **第二步：**在什麼都還沒有的時候，當下能相信的，只有你與你自己而已。
- **第三步：**堅信萬事皆有可能，然後，越孤獨，你的其他感官就會越發敏銳。試著感受一下。

◎老闆是沉默溫和，性格偶有暴烈雜訊的哲學家

——野草般的無為而治，帶給我的燎原成長；放牛吃草，最後幫忙建了座牧場

職場，到底是什麼樣的一個地方，最初，讓人急著奔赴，最終，又讓人想急著逃開？來去之間，殫精竭慮，終想獲得些什麼。不急著想答案，我們先做個心態調校：既然要以孤獨，成就職場的自我實現，就必須讓自己有些根本性的不同。首先，就是**不從眾的獨立思考**；因為你想得不一樣，所以你於職場的存在與行事，看起來，就會與別人有些不一樣。

在職場上，作為孤獨力的修煉者，首先，我想告訴你，讓自己這樣想：**今天我任職這份工作，不是要來領這份死薪水，而是要來幫助企業成長的**。這與職位高低、薪酬多寡都沒關係，純粹是思想建設的問題，彼此之間，沒有高低，只有對等。**先將思維拉高，所作所為，才能立於高度；氣度做高，視野才能放遠**。當你站得比別人高遠，自然感到孤獨，這是一個好的開始。而當清楚你自己要的是什麼，

到了這個時候，渴求有沒有人懂你，是否還重要？一點也不，**你懂自己要什麼，才重要**。也許有人會反駁：拿多少薪水，做多少事，沒事幹嘛想這麼多。在這裡，我們不糾結值不值，或對不對，你沒錯，那是多數人的想法；而我試著鼓勵你，**成為職場的離群值，未來，才有機會出眾立群**。

做好思想工作後，就讓自己開始平靜地，赤手空拳，隻身帶著孤獨，迎向職場，**請擁抱它，但不與它形成依存關係，你們是比肩，一起走往理想的遠方**。而你想要的答案——安身立命或功成名就，那都是後來的事了。

本以為又一次求職失敗，結果錄取了

作為一個職場新生兒，當年的我二十六歲，算是異常晚熟。求職歷程坦言也沒那麼順利。雖然拿到碩士畢業證書，然而十多年前，碩士早已不太稀缺。當年１０４人力銀行是最時興的求職網站，每次瀏覽職缺時，總覺得它巍巍的，我矮矮的。我擁有的僅是一份碩士學歷、已出版的兩本言情小說。那段時間，曾應徵過百貨公司、飯店、等各式各樣十多份的行銷企畫，最終都是石沉大海，杳無音訊。

萬念俱灰的情況之下，差點就要以小說家作為我終身職志了，正當下了決心，通知面試的電話就來了。面試當日，面試官看完我的履歷與言情小說後，她皺皺眉，帶著些許意味不明的微笑：「你是寫小說的喔，可能跟廣告公司要的文案有點不太一樣。」對話中，面試官無意透露此次還有另一位競爭者，也是寫小說的，此人已出版非常多本小說，似乎有些知名度。當下，我不知道企業的錄取考量是什麼，面對一個新鮮人，可能也沒什麼經歷好問的，頂多看看眼緣、掂掂求職態度。就這樣，面試結束，我也沒抱太大的預期，就像過去無數的失敗經驗一樣。

面試過後那幾日，我常晃到家裡附近的麥當勞呆坐整日，點份便宜套餐、看免費雜誌消磨時光。那天，接近傍晚下班時間，路上車水馬龍，紅燈變綠燈，所有機車騎士奮力往前衝，似乎儘管奔赴他們的生活，沒人能阻攔。突然，我接到了錄取電話。女性面試官在電話另一頭，很溫馨地恭喜我面試成功，下週開始上班。當這一切到來時，好像也沒想像中這麼狂喜。「原來錄取工作是這樣的心情啊。」面試成功，走回家的路上，又一股巨大莫名的孤獨感襲上。

文案發想信手拈來，幾乎是用本能在工作

新公司規模不大，公司大約十來個人，辦公室設計明亮簡約。老闆有種哲學家的氣質，白手起家，本身也是設計師出身，而老闆娘負責會計等帳務，是典型傳統的夫妻店類型。部門結構非常簡單，就是設計部門與業務部門，哲學家同時也參與業務開發。

哲學家是沉默溫和的人，日常上班從不多話。多年來，我最常記得的畫面是，他不發一語，慢慢步出辦公室，穿越設計部，進到茶水間，兩手端著兩個馬克杯，倒完水，再默默地走入他的辦公室。工作起初，哲學家對我有沒有任何限制，只簡單表達：當有人需要文案或企畫，你就協助。後來我才明白，那時候公司以純平面設計為主，但為強化文案與企畫服務，才開始招募相關職缺的人。當時我感覺，哲學家似乎也不太明白，招募一個文案企畫，該怎麼使用他。**他給了我很多餘裕，沒有設限，但我只得繼續摸索。**

入職後，我被安排與設計部一起上班。設計師女孩們聰明機伶，設計能力極

強，觀點靈活犀利，也常嘴上不饒人。她們常毫不客氣地欺負我，這裡講的不是字面上的欺負，大概就是言語調侃，沒有真正的惡意，而我也沒特別在意。事實上，我喜歡與她們共事，她們完美演示了何謂辦公室日常：聊設計、聊餐廳、聊團購、聊美妝，我大概就是一旁聽著，偶爾她們想到我，就扭頭訕笑我幾句。

於此同時，我在這個時期，慢慢奠基了廣告公司的專業知識。她們常常丟一個設計稿，就要我配上文案，中文或英文，像是餐廳點菜一樣。有時，我也會為她們設計的商標提案說些故事。**對我而言，發想文案都像信手捻來，像是利用本能般地在工作**，提案都非常順利過關。

寫寫文案之餘，後來，當哲學家每次外出拜訪客戶，也會開始攜上我同行，帶著我參與各式廣告客戶的專案執行，包括生技業、保養品業、餐飲業、工業、補教業等；我感謝他都能想到我。他常在前往提案的車程上，教導我許多業務提案與談判技巧，這段歷程對我而言，都彌足珍貴，也慢慢磨練出工作信心。不知不覺，我也對業務工作漸漸產生興趣。至此，我還是無法清晰地定義自己在職場的角色，只覺得好像眼前的工作我都能做好，但也未必很厲害就是。

老闆不是吃素的，犯錯還是要捱罵

時間一長，我才發現哲學家在溫馴外表下，也不是吃素好惹的。印象中，我曾認真地惱火他一次，他終於大發雷霆，而我不是故意的。當時，我受命要替位於烏日的鑄鐵工具客戶撰寫企畫書，協助工業園區進駐審核申請。但在這之前，我只有寫碩士論文的經驗。儘管心中毫無把握，但上頭都把工作甩過來了，我只有冷靜思考，依循申請書要求，嘗試將內容完成。小聰明如我，大致順利完成，就壓在交給客戶的最後一日期限。我不知哪根筋不對，內文頻頻出現各種小錯誤，但我明明已反覆校稿多次。

當時，哲學家在頂樓辦公室工作，我改完後拿上去，他告訴我哪裡需要修改。就這樣來來回回數次，他從一開始耐著性子，到最後終於忍不住從樓上打電話下來，劈頭連名帶姓地飆罵我一頓，惡狠狠地問我到底要改幾次？握著話筒，我背脊整片發涼，懷疑是不是要丟工作了？被罵之後，我也沒讓自己消沉太久，辦公室裡的人，都在忙著自己的事，也無暇停下來給我一些溫情安慰。**我沒太多情緒，不**

亢不卑，集中精神一再校對，終於改好。

下班前，我帶著原稿，跨上破摩托車，趕往輸出店將資料裝訂，再直奔烏日。耳邊有風在呼嘯，我一路狂飆，終於在客戶下班前，交付到他手上。回程時，剛好碰上下班時間，一群機車騎士上班族擠在紅綠燈口，等到綠燈一亮，便趨前狂奔回家接小孩或是買菜，前往各自的方向。當下我忽然意識到，似乎，我也成為了他們其中的一張臉，成為了這樣的人。

那份令我被飆罵的企畫案，最終申請通過，也順利收到尾款結案。往後，哲學家又若無其事地端著馬克杯，在茶水間裡進出，平靜地像什麼事都沒發生過。

首支廣告上檔帶來興奮，但我還想做更多

沒多久，我參與了人生第一支家具公司電視廣告拍攝案。哲學家老闆將整個電視廣告籌備企畫主責丟給我。是的，當時的我只是一個入行還不到一年的小小文案企畫。我後來觀察，哲學家也是挺有實驗性的，心臟也頗大顆，當時我雖毫無經

驗，但興致高昂。從腳本創意發想、找代言人、遴選製作公司、媒體採購與活動記者會，都由我一手主理。**面對挑戰，我似乎也沒有什麼抗拒或恐懼，就是耐著性子面對與處理**，事後想來，總感謝哲學家老闆的大膽賦權。他放任野草滋生似的無為而治，竟帶給了我燎原般的成長；本是放牛吃草，最後卻幫忙建了座牧場。

記憶猶新，當年找來的代言人是女星賈永婕，廣告腳本就從我發想的創意一筆不改，讓製作公司去畫分鏡，廣告片在林口阿榮片廠完成拍攝。最後，當廣告在電視上播放的時候，我曾興奮過一陣。但當興奮過後，好像僅是這麼一回事而已，總感覺自己並未做到精髓。

電視廣告專案結束後，日子就好像剛倒進杯子的冰啤酒，一開始泡沫熱烈，最後趨於平靜，我又回到每天寫文案、中午等便當的辦公室閒散時光。**而原生的深層孤獨感，開始質變，想再次定義自身與職場之間的新關係**。進入職場滿週年後，坦白說，我自覺沒為公司創造太多價值；儘管我大量接觸客戶、累積了許多學習經驗，但這頂多滿足了職能基本底限，遑論成就。就這樣過了一年，熟稔公司運作，好來好往，相處愉快。隨著日子流逝，孤獨感帶來的驅力，越來越明顯。**也許在潛**

意識中，我不甘於此，真想做更多。

我有點茫然，看著日子流逝，你就稱職地身在其中，難道這就是所謂的職場嗎？對於安逸現狀的抗拒感，從心底油然而生——我又想親手摧毀它。

孤獨力初級修煉　第二課

- **第一步：**找工作跟談戀愛一樣，是很看運氣的，沒有絕對的壞公司，也只有相對的好公司，必須先明白這點，不要太一廂情願。
- **第二步：**別一開始就熱衷投入於辦公室裡的那些瑣事，或急於找歸屬感；你應該迅速找到「職感」，讓自己就定位，開始運作。先動起來再說，然後，再來談方向。
- **第三步：**別停止思考，一再與自己核對現狀。

躲在柱子後、頂上無燈的角落座位，孤獨莊嚴得像尊落難土地公

──從廣告公司小文案搖身一變，成為幫公司賺錢的業務

人與職場的關係，真的非常微妙，就像是打一場網球，有來有往。有時，你必須明白：**並不是每一個公司主管或管理者，都能把每位員工照顧好；或都能充分知曉員工長才**，別有這樣不切實際的幻想，**沒被理解，也別因此感到委屈**，誰都是肉體凡人，各有各的人生家務瑣事；相反地，這時候，你得替他們著想。

職場關係裡，沒有所謂絕對的好公司與壞公司，凡事都是一體兩面。當你感到困惑，嘗試閉上眼，想像用全身重量去感受，腳下站定的位子，是水泥地還是流沙？接著張開眼覺察徵兆、積極理解自身處境；甚或捕捉訊息、改變現狀，那將會決定你未來的職場命運，無論最後你選擇離去或留下。

若你選擇留下，並覺察職場環境仍對你友善，你就得趁其還未產生不耐之

前，盡快再次找出施力點，不動聲色、主動作為，協助公司理解你，為自己盤算，令職場再一次找到並認同你的存在價值，要不，你就只能等著被收拾。**身在職場，別忘持續在孤獨中觀察與探索，再沒人能比你自己更了解自己，切記。**

原來我不是全公司第一個企畫？那他們人呢？

一年多了，我發現工作狀態變得停滯不明朗，甚至有些詭譎。每天就是寫寫文案、企畫案，打打雜，我已完全無法從中得到成就感。事實上，也不是天天都有文案或企畫可寫，多數時候，我感覺是被晾著的。更重要的是，每個月領的永遠是死薪水。我辦公室的座位位在角落，還是躲在一個大柱子後面，處於一種離群索居狀態。還記得到職日當天，我被領到位子前，桌面布滿灰塵、無人認領的雜物、多印的客戶印刷品，以及眾設計師到處去撿寶帶回來的彩色盒子。最慘的是，這個座位頂上無光，大白天的還得多加一盞檯燈，可想而知有多晦暗。

樂觀開朗如我並不以為意，當年還溫馨認真地布置一番。後來才知道，原來我並不是這間公司聘請的第一個企畫，在我之前，坐在這個位子的人員，做不到幾個月都陣亡了；截至目前為止，我是撐最久的那一個。這真相聽來，真是憂喜參半。喜的是原來我贏過了這麼多人；憂的是，難道我也即將步入他們的後塵嗎？原來這是一個被詛咒的角落，來者至今無一倖存。

把自己逼到絕境，是為了再度逢生

從那之後，我四周那種意興闌珊的氣氛，越來越濃厚。我常暗自一臉憂愁地從角落望向每個人，大家都起勁地忙著自己的事，電話聲與對話聲此起彼落，根本沒人願意認真搭理你。我孤獨又莊嚴地守在角落，哀怨得就像尊落難的土地公；心想再這樣繼續消極下去，就差一個離職念頭，便水到渠成了。那幾天，我陷入孤獨長思，騎車上班想，騎車下班也想，吃便宜的麥當勞套餐也想。但又得裝出一派若無其事，思考著要怎麼扭轉頹勢。我暗自開始計畫，一如往常，首先盤整手上資源、想好對策，準備與公司展開對話。

過去一年來，跟著哲學家老闆，我學習到提案與業務技巧、溫和但同時帶有些許奸險的業務話術，以及商業設計知識，我感覺已有基本把握；再者，我並不排斥與人接觸的工作，甚至感到喜歡。於是，福至心靈，**我決定轉職成為業務**。

當時與公司的非正式協議是，一方面繼續做好企畫工作之外，另外同步開展我的業務工作，然而，其中還有所謂風險分散的布局，我給自己留了後路。然而，這都不是重點，重點是，當時公司開給企畫與業務的底薪並不相同：企畫是固定薪，業務是底薪加上獎金；如果轉任業務，因為未來會有獎金收入，所以我必須降底薪二〇％。換句話說，以我當年企畫的兩萬五起薪來算，轉任業務職後：起薪就只剩兩萬。我沒有什麼掙扎，就接受了，因為，如果我因一時軟弱打消念頭、繼續窩在角落當企畫，依照那時候的工作狀態，就算多了這五千塊，我也領不了幾個月就會走人，還不如放手一搏。

我常把自己逼到絕境，也許，我是想看到自己再度逢生。跟公司溝通過程中，並無過多歧見，多一個人為公司跑業務賺錢何嘗不可？公司也樂見其成。**當時我心裡盤算的這些，都存在於個人因孤獨孕育的求生意念，而產生的洞悉**。我想整件事情發展迄今，最終仍是看我造化，因此，我也擁有事情成敗的決定權，而公司給了我最多的餘裕，最終，能夠掌握自己去留，為此我感到十分踏實。

後來，我要開始跑業務的事，也在公司傳開。結果，根本沒有引發討論。那些設計師們仍舊沉浸在自我的生活圈裡。後來我明白，職場裡，有時你以為許多人在關注你日常的一舉一動，但實際上你會發現，自己可能有點想太多。換個角度來看，就算你非常在意職場上別人對你的各種耳語或評價，說真的，那並不會讓你變得更好。**降噪後的孤獨，並非讓你成為一意孤行的人，而是你換取了更多自我思考的空間，變得明心見性，這真值得學習。**

不走公司安排的老路，我從陌生開發做起

接著，我為自己做些投資：整了新髮型、買幾件看似像樣的新襯衫、兩雙新皮鞋、一個黑色公事包；至於摩托車，還是那部破摩托車。別忘了，那時的我剛出社會，薪水要上繳安家，沒啥積蓄，再無法負擔更多奢侈的行頭。

公司給出業績目標後，我便開始行動。起初，我沒有先把公司派給我的客戶列為經營重點，**反而選擇陌生開發，決定重新開始、從頭來過**。早先跟著哲學家老闆一路學習下來，我深深有感：廣告公司業務（Account Executive，一般簡稱AE）是全世界最難做的業務之一，而我一開始就挑戰了它。為什麼呢？廣告公司要賣的是設計創意，以及能夠打動顧客的情懷，還有業務本身的個人魅力，有太多非定向因素需要照顧。不像賣一台吸塵器或果汁機，各種功能、性價比（CP值）一目了然。

相較於傳統的商品銷售，我的業務範圍可謂包山包海，除了前面提到的開發客戶外，我還得在雙方簽定合約之後，依照客戶需求，提供創意發想、協助實踐；此外，我得安排各種媒體，如電視、廣告、網路、公車、捷運、戶外看板等廣告上架，最後驗收成果。「商業設計」這東西還挺玄的，儘管它看不到、摸不到，卻還是能成為一種商品，並量化成價值販售，讓被感動的人掏錢買單，而且有時還可能是一大筆錢，這可真是一件不簡單的事。

我進一步透析，**商業設計其實是非常主觀的商品，根本沒有邏輯可言**，只要能說出一個道理，賣它的方式千變萬化，實在太有趣。當我發現，這一切可以不照常規走的時候，忽然振奮起來，我打算用自己的方式實驗、用自己的方法賣廣告。長年來，我一直有個怪僻：**不愛循別人的老路走，熱愛自己另闢蹊徑；不至於不按牌理出牌，我只是熱衷於嘗試把爛牌打成好牌的可能。**

轉任業務首月就達標，成功創造雙贏

在那幾年的廣告業務生涯中，我接觸或服務過，大約近百位以上中南部產業的中小企業廣告主。這段過程很辛苦，但更多的是光怪陸離、怪誕荒謬，充滿奇趣。而這些賣廣告的方法，都是我自己想出來的，**沒有借鏡、沒有依循；又再一次出奇制勝地，為公司帶進一些知名的品牌新客戶**，提高業績、掙了錢，獲利更見起色，自己的薪水也有了很顯著的漲幅。非常好運地，我從**轉任業務後的首月業績就達標**，直到離開廣告公司之前，從來沒有一個月落空。也因為轉職業務，我又在此公司裡多待了近兩年多。離開前，還曾換過一次名片頭銜，成了小主管。至此，我感覺自己當時應該做了一個對的決定，對自己與公司來說，算是雙贏。

還記得當年，每週五下班前，辦公室必須打掃。哲學家老闆辦公室內，有個小會客室，門邊地上擺放個石頭造景魚缸，這項清洗工作通常由我負責，我把它當成一週工作後，非常有儀式感的結尾。我會提著一桶清水，蹲在地上，先把魚撈到桶裡，然後拿起菜瓜布，刷洗石頭魚缸內的汙垢和青苔，直到魚缸摸起來潔淨、不再滑膩為止。最後，我會注入清水，將魚送回去，打開換氣馬達。

有時一邊刷洗，我會抬頭望望，窺伺哲學家老闆的辦公室，窗外是華燈初上的繁華夜景，我會一邊想想自己，同時思索以後該怎麼走，這已是十多年前的事了。有時我會想，**如果當年的我，沒有在每一個重要時刻拉自己一把，現在的我，又會是如何？**無論如何，我終究在這個時期，為自己扭轉頹勢，再次證明自身價值。而更多的是，要感謝哲學家老闆和老闆娘，他們始終很照顧我，這些歷練，讓我的職涯起步，奠定很好的基礎。

此外，轉任業務後，我對「尊嚴」這兩個字，也有了更深刻的體認。尊嚴是什麼，可以吃嗎？還是可以用來打手機呢？也許在職場中，尊嚴根本沒這麼重要。

孤獨力初級修煉　第三課

- **第一步：**在職場上持續校正，一旦發現偏離定位，立刻直視問題，徹頭徹尾地重新思考；最忌消極逃避，那是在辜負自己。
- **第二步：**別忘了前面說過的：你與職場並非上下關係，而是比肩並行，如果你認為當下的一切還有努力的價值，想想如何能再次提供公司何種協助，這是在幫自己一把。
- **第三步：**當你因在職場中孤身努力感到孤獨時，相信我，成為職場裡的離群值，才能令你卓然立群。

◉尊嚴只是自縛的枷鎖，就讓自己赤手空拳，單打獨鬥

——對我越殘忍，我越覺得有趣：那些被陌生拜訪客戶各種拒絕的日子

有時我常想：身在職場，尊嚴到底是一種什麼樣的存在？我們怕被看不起、希望掙口氣，於是尊嚴像是鬼魅一樣，在各種行事上影響你、綁架你，發揮了一些能左右你做出非理性行為的負面作用。

就我的體悟，**人求尊嚴，可能是為了尋求某種「團體認同的最高依歸」**，而作為一個孤獨力的修煉出家眾，我認為，**在職場裡捨棄尊嚴，並不是種自我認同的摧毀；捨棄尊嚴，反而是一種新價值觀秩序的自我建立**。有時，你可能為了想保有尊嚴，揣著無謂的堅持意氣用事，最終做出違心之論或偏執的誤判，這些都大可不必。不過，做到「捨棄尊嚴」這種程度，好像也未免太沒底線。那要不我們試著換一個較能接受的說法：降低你對職場中的尊嚴標準。我想建議大家，**在職場行事，**

不妨稍微適時地降低一些尊嚴標準，你將更能從本質面理解事物，達成降噪效果。更有趣的是，當你面對另一個人時，放低尊嚴，你們之間將產生不可思議的餘裕，終究能使你看見更真實的人性。

總體而言，身而為人，內核的尊嚴，當然必須堅守捍衛，但說到職場裡的尊嚴，只要能自我覺察，那些職場裡嘻皮笑臉、拋失尊嚴的舉動，都只是在你當下的人格裡，被輕盈地暫時性解離；**那只是任務中的自己，而非本我。**如此想來，你也就不會這麼介懷。擁懷孤獨的內核，你便不會輕易地為外在情緒所役，你是無比自由的。

陌生開發就是一連串挫折與潰敗

我想在這個篇章談談，**人在職場，究竟該如何拿捏「尊嚴」二字？**依照我的經驗，如果你想對人生做些輾壓式的磨礪，擔任廣告公司業務一職，還真是一個好方法。

滿懷激情地展開陌生拜訪後，迎接我的，就是排山倒海而來的各種挫折與潰敗。坦白說，陌生開發的潛臺詞就是：「我哪有什麼辦法啊，不就是土法煉鋼、埋頭苦幹嗎？」傳統的廣告業務開發，除了老鳥帶新人之外，再者就是寄廣告開發信、打陌生拜訪電話、或是侵門踏戶地到同業的公司網站，挖他人牆角直接搶客戶，這幾件事情，我都做得挺不錯的。

那些年私底下，我會跟一位「名單先生」進行神祕交易，從頭到尾我都只聞其聲不見其人。每過一段時間，我會給他關鍵字，請他撈名單給我，他非常靈活，大多能滿足要求。確認目標、數量，付款幾天後，名單就會到手。關鍵字大致上是：奔馳、寶馬、保時捷等高級跑車車主、購買遊艇的船主、臺中七期豪宅住戶……等。有次我問他：「有喜歡購買香奈兒，大約五十多歲以上，失婚，成功創業的女企業家名單嗎？」名單先生在電話那頭沉吟半晌：「嗯，沒有。」看來名單先生也非萬能。

再來談談廣告信，這其中其實包含很深厚的業務含量技巧，如果開信者是企業老闆，看完簡介一下子被設計風格吸引，他會親自打電話來詢問，或轉交給公司主責部門處理，而主責人一旦被老闆交辦，多數不敢不聯繫。我私下統計過，**每寄一百封信，大約會獲得四至五通電話詢問，通常能成交一至兩件**，都已算是很出色；如果服務得不錯，老闆的朋友通常也是老闆，有需求相互介紹，老帶新的效果就能出現，透過廣告信的業務推廣效果，便能擴散開來。拿到名字與住家地址後，我會列印名條，並找一個沒有外出拜訪客戶的下午，像做家庭代工一樣，埋頭逐一將廣告信裝入信封、封裝，貼上名條。機靈如我，為求偽裝成非廣告信，通常我會手寫地址與名字，看起來親切有溫度多了。每批寫上幾百個名條都是正常，把一支原子筆寫到墨水枯竭更是常有的事。

電話開發，就像機智競賽搶答

再者，就是電話開發。電話開發對我而言，就像是機智競賽搶答一樣，我會頗為正式地準備一杯水，將座機電話放至順手的角度，妥善調整呼吸節奏後才開始。當年打電話前，都要先做充足的心理建設，才能按下按鍵。

電話開發也是很有技巧的，需要很多前置作業。通常我做電話開發，都有定向與謀略。例如，若我覺得某個零售品牌有商機，我會先從網路上，做好該品牌的身家調查，包含老闆與部門主責人名字，這些大多可從網路新聞上查到，整理好整批要開發的品牌後，我才會主動出擊。

電話開發很重要的是通關密語。打電話到公司總機，我會**親切且正確地說出主責人姓名，但忘了其分機號碼**。因為總機常會過濾這種推銷廣告電話，第一關就會被擋下。但如果能正確說出對方的名字，然後佯稱忘了分機號碼，總機大多會幫忙轉接。此時很重要的是，別忘了在轉接前，再次與總機確認對方的分機號碼，下次要聯絡時，你就可跳過總機、直搗黃龍。

毫無人脈、毫無資源的我，那陣子每天抱著電話狂打，聽來很不可思議。然而，我也曾經鬧出不少笑話。有次自以為做好萬全準備，準備開發臺中一個連鎖皮件品牌客戶，因為他們分店很多，一時之間，我分不清楚哪間才是總店或總公司，就隨機撥了電話過去。

「您好，能幫我接○總嗎？」我的口吻親切有禮。接電話的中年婦女機警狐疑：「你是誰？」「您好，我是○總的朋友，○○廣告公司的張力中，之前曾與他聯繫過，但弄丟了他手機電話號碼（我扯了小謊），能請您幫我轉接嗎？」對方更狐疑：「你跟他聯繫過？你確定要找他？你聲音聽起來很年輕耶？」「對啊，謝謝稱讚。」當下我還得意忘形，渾然不知。電話那頭有些吵雜，可能正忙著服務顧客，她提高了音量，有點不耐煩地回我：「我們老總已經過世十幾年了啦，你到底要找他做什麼？我在忙！」

啊，已經過世了？我沒料到劇情會是這樣發展，當下感覺耳根發燙，有種詭計被拆穿的尷尬：「不好意思，我是廣告公司的，有些資料想給○總參考一下。」我一時慌亂，繼續胡言亂語。「啊就跟你說他過世了啊……對，那邊全部八折……對對對，那個行李箱的輪子可以爬樓梯。」對方一邊招呼客人，還一邊應付我。我情急之外，竟有點委屈地脫口而出：「那怎麼辦啊？」大姊聽到我竟然這樣回答，又氣又好笑：「那我給你我們小老闆的手機號碼，你直接打給他好不好？」

就這樣，我竟意外地接上關鍵人物，而後來這筆生意，也成交了。

約訪無故被放鳥、大吼要我滾……家常便飯啦

這麼友善的大姊其實很少見。剛出社會沒多久，做業務真的既孤獨又沮喪。電話開發時，常常話沒說完就被掛電話；偶爾也招致惡言相向，都是家常便飯。某次，有家工具機公司要做產品型錄，初次約定好去拜訪，我在會客室呆坐一整個上午，最後人家不跟我做生意，人也沒見到，事後電話也不接，毫無理由。

更有甚者，我也很常被人直接趕出來。有次和一位生技公司客戶約訪，要談展場設計的案子，才剛到沒多久，老闆一見我，便衝著我大吼要我滾，警告我別再來。我被他突如其來的舉動嚇到，掛在臉上的微笑來不及收回，竟被對方誤會，大聲質問我是不是在恥笑他。眼見他怒氣衝天，我只好倉皇狼狽地逃離。事後該公司窗口打電話來向我致歉，說最近公司財務吃緊，老闆壓力頗大才會情緒失控。

我也曾去一間食品公司拜訪，商談零食包裝設計。老闆對我很客氣，談得正順利時，老婆突然出現，惡狠狠把我轟出來，說做廣告設計都是騙錢的，他們先前花一大堆錢，生意都沒有起色、賣不動，不需要。我提著公司的整袋作品被趕出

門，只得站在馬路邊發愣，大中午的豔陽晒得我汗流浹背、襯衫完全濕透，心想今天是招誰惹誰了？

買賣從傾聽需求做起，就再也沒有尊嚴問題

花了很多心力，卻做不成生意，這類案例不勝枚舉。那段被輕視過無數回的業務歲月裡，我常在騎著機車返回公司的途中，心情消極、沮喪無比。雖然一開始業績就達標，但總覺得自己做這份工作，不是很有尊嚴。

麥當勞是業務員很好的捋清思緒棲息之地。那幾日，我同樣點了便宜套餐，隨著轉念與深思，狀態忽然有了改變，像是想通什麼。當時的我，似乎**從未認真傾聽業主需要什麼**，只是滿腦子想著賺他們的錢、賣他們設計，從沒認真理解對方。後來，我嘗試借位思考、調整心態，先同理他們的困境，再給予他們需要的。**當狀態一改變，很多對事情的觀點，就與尊嚴無關，變成是雙方共識問題了**，我的心境也一下子豁達起來。在這之後，我與業主的關係，就不再站在對立面，而是像個朋

友的角色般切入與對話，想著如何協助該企業成長，彼此站在同一思考線上。

心態轉變之後，後續的客戶開發或拜訪，我都是一派輕鬆、充滿餘裕，業務狀況更見起色。過程中，雖然有時還是不免遭受拒絕或是奚落，但此階段我已能夠一笑置之，遇事都豁達起來。後來，隨著我跑業務的經驗增加，形形色色的人越見越多。一個老闆，就代表一個創業奮鬥史，聽著總覺得精彩，敬佩不已、津津有味。我的業務工作也更上軌道、越來越好；在益發成熟的心態下，那些負面情緒，再不糾結。

孤獨力初級修煉　第四課

- **第一步：**做業務和孤獨有什麼關係？當然有關係，業績沒達成都是自己的問題，沒達到你說孤不孤獨？一覺得窒礙難行時，先別急著放棄，讓孤獨的本我出面，淨空思緒，心態調整一下。
- **第二步：**別老想著自己，先為對方著想，觀察對方、理解對方，很多事情會更清楚明白。
- **第三步：**別老是一臉糾結愁苦，境隨心轉，建議大家讓自己「外表輕鬆，內心嚴肅」。無論是人生或業務，面向豁達，是唯一答案。

◉那些與中小企業交手，各種廝混的日子
——就讓我陪你們走過一段，請跟孤獨的我交個朋友吧

許多人對於權威，帶有天生懼怕的迷思。該如何擊潰這種人性中與生俱來的制約，這也是我在孤獨修煉過程中，對於人性探索感到興味盎然之處。生活中充斥各種廣告、旁人耳語，我們慣於接收太多各種暗示性語言，面對一個現象或說法，常常不假思考就反射性接受，看似輕鬆容易，卻不知不覺行自我歸納為從眾，人云亦云、丟失判斷，再次輕易交出自己本應可獲得真相的權利。

我鼓勵大家，常對眼前的現象提出質疑甚至批判，當然，也不是一天到晚疑神疑鬼或被害妄想，只是作為一個孤獨修煉者：透過孤獨內核的思辨，我們終能攝取更多訊息並接近真相。**孤獨帶來的價值，就是讓你透析事情本質**，在跑業務上特別管用，無往不利。習慣孤獨的人，做業務真的能讓你更理解自己。

前文才剛說完尊嚴，這篇為何又要談權威？因為我覺得，**絕對的尊嚴與權威**

都是虛妄，頂多只能作為相對性的存在。從業務觀點來看，要開始一場對話之前，必須把橫陳其間的情緒拿除，**兩個姿態對等的人，才能好好談同一件事**。像是要看穿他們似的，端詳其五官牽動時的神情細微變化，然後，你便能看穿其本質面，其實都是肉身凡人般無異，那些被疊加的聲譽與社會形象，彈指一彈，都瞬間灰飛煙滅，眼前就是一個再普通不過的人。

聽不懂？那就想像他每天吃飯也會掉飯粒、趁人不注意時候偷放屁，或與老婆吵架時講些幼稚話，你說，他跟你有什麼不同？再舉個例子，如果有天我能與郭台銘先生做生意，見面時第一句話，我只想問他：「你昨天晚餐吃了什麼，好吃嗎？」問完之後，希望我不要被趕出去就是了。

請跟孤獨的我，交個朋友吧

在臺中擔任廣告業務的那三年多，我獨自跑遍中彰投、雲嘉南，拜訪過大大小小上百個企業，大街小巷鑽進鑽出、奔馳在產業道路上，還有更多的是不知名的鄉間小路。現在回想起來，那段業務奔波時光，還真充滿年輕張狂的氣味。只要聽到客戶有意願接受拜訪，我整個人就熱血沸騰，立刻抄起吃飯的傢伙（當然不是碗筷）——名片、公司簡介與幾份印刷作品，隨時出發，直奔客戶公司。

後來，為了拓展業務範圍，我還買了一部十多萬的豐田二手車，伴我征戰。當年導航根本還不普及（是的，我經歷過史前時代），車上還常備一份中彰投地圖，便利商店都買得到，非常好用。如果不小心迷路了也不怕，常言道「路長在嘴裡」，於是我開口就問當地人，或當地產業道路檳榔攤的檳榔西施，她們美豔又聰明，對於各種不在地圖上的路都瞭若指掌；但我不愛喝結冰水，我只會跟她們買黑松沙士。

隱藏在臺灣鄉間的產業生命力

每趟的業務拜訪，有時對我而言都是冒險旅程，只因路程太奇險，走過數次的路，都還可能一錯再錯。我曾開車在彰化的社頭鄉道，鑽進產業道路旁的小路，結果一個不小心拐錯彎，路越開越窄，從雙向道變成單向道，最後變成田埂……盡頭竟然是座墳墓。我茫然下車察看後，再強忍著毛骨悚然，艱難地迴轉倒車，折騰了好一陣才到客戶公司，早已筋疲力盡。

也有的公司藏在某段山路的岔口處，常常一不小心開過頭，我得折返後再駛入，赫然發現裡頭竟是一個大工廠，橫空出世般地隱身在山裡。不說你不知道，我服務過的一個織襪機品牌，隱身在彰化，是全球第二大；還有個全球排名前十大的車床零組件品牌，公司蓋在鄉間的稻田中央；或是一間低調到不行的食品飲料廠，產品竟然行銷美洲、歐洲與東南亞，還常到海外參加食品展。**臺灣的鄉間，充滿不為人知且豐沛無窮的產業生命力。**

做業務真的得搏感情。中南部的客戶，常是家族經營的中小企業，有時候談生意的場所，就在老闆家客廳，老闆會坐在茶桌前泡茶給我喝，穿著樸素得跟街邊普通中年人沒兩樣，但身價不斐。外面工廠外的車棚下，停放著好幾輛豪華轎車，全是他的。我們通常都是從大量的天南地北開始閒聊，到最後十多分鐘才談正事，他們隨意翻翻作品，嘴裡叨念著：「這些設計也還可以、不錯啦。」我則喜歡問他們的創業史，靜靜地聽他們說，可能他們也很孤獨吧，這種無人可訴的老闆，就愛我這種奮發向上的年輕人，既古意又誠懇，最後通常都能順利簽下合約。不瞞大家，我曾在客戶家吃過好幾次晚餐，上至長輩下至孫子都在，是那種三代同堂的大家庭。我和他們一起坐在客廳看電視吃飯，吃完才摸黑開車回家。

做業務不是跑百米，而是馬拉松

哪裡有生意可做我就去，而且充滿無比耐心。話說中部有個全臺灣最早發跡的知名連鎖平價咖啡品牌，老闆皮膚黝黑，戴副眼鏡。首次拜訪生意沒做成，之後他們就不再見我了，丟出各種軟釘子給我碰。但我單方面持續保持聯繫，只要公司一有新設計作品，就有意無意地寄電子郵件給他們看，但我從未把做生意掛在嘴上。偶爾拜訪客戶經過他們公司，我就偷偷進去露個臉，跟特助打個招呼就離開。就這樣醞釀了一年，他們原本長期配合的設計公司出了包，很快就聯繫了我，直接給我生意做。直到這一刻我才明白，**做業務原來不是跑百米，而是馬拉松**。

另外，我也曾服務過中部一家戶外登山用品品牌。雙方剛接觸時，他們已有固定廣告代理商，而我渴望能爭取到這個客戶。因為已有了合作默契，通常品牌是不輕易轉換廣告代理商的。所以我又決定出奇招，在還沒拿下訂單前，我自己利用幾個假日加班，**免費做了一份圖文並茂的計畫提案**。當年許多戶外登山運動用品型錄的呈現方式，仍是千篇一律的模特兒單調排排站，缺乏新意。於是我突發奇想，決定打破傳統分類，根據戶外登山緯度與使用者情境角度，為顧客推薦該做何種著裝；設計風格也從傳統的戶外登山運動感，改成帶有都會時髦感的全新形象。沒想到此舉一出，大獲青睞，廣告代理就這樣從別人手中奪來了，甚至於後來其年輕的副牌與單車品牌，也都委由我服務。

我很感謝當年該公司的行銷企畫主管 Tracy 給我機會嘗試，她也為了我，冒險更換新廣告代理商，現在看來，當時的我們都很有勇氣。

不僅如此，那幾年不知為何，臺中特別流行生技產業，各種保健食品盛行，常常有包裝設計需求。一旦簽到這種客戶，根本就像中樂透，因為他們會一直改版、推出新系列款，同時如果能爭取到彩盒的印製合約，那個月業績就能輕鬆達標。所以那陣子我積極努力開發生技保健食品，其中也包含壯陽藥。可能我做壯陽藥包裝做出口碑，後來很多廠商同業紛紛互相介紹，讓我多做了一些業績。到後來，我只要帶著工作單去設計部發案，這些女孩設計師便忍不住大聲哀號：「不會吧，又是壯陽藥！」那些激情俗豔又充滿性暗示的包裝外盒，對青春少女設計師來說根本是種折磨，所以她們常一邊工作一邊板著臉，我只好滿臉歉意地站在一旁，實在不知道該說些什麼。

每接一次案就搬一次家？超神祕保養品小姐

我遇過的客戶當中，就屬一名保養品客戶最奇情，至今我仍未搞懂她。接到她的委託電話時，她神祕地壓低聲線，活像一名女特務。我依約前往拜訪，竟是普通住家而非公司行號。爾後每次造訪時，明明是大白天，她客廳桌上總是有許多捏扁的啤酒罐，但她衣著整齊，也不會對我勸酒。每次談生意，空氣總瀰漫酒氣，而她聲色慵懶，有時，還會露出一種情緒複雜的表情，但我讀不出來；我問她產品定位、售賣管道、目標客群等，她從沒有一次說得清，但跟我聊起保養品成分，卻又頭頭是道。幾次往來後，雖然生意都有做成，我總隱隱懷疑她在搞詐騙，於是嘗試藉口婉拒，沒想到她竟哀求我繼續服務。每每設計提案，也總是一次就過，站在做生意的立場，實在沒有拒絕她的理由。

真正神奇的是，我每接一次案子，她就搬一次家，我至少到過四、五處不同的地方拜訪她。只見她像亡命之徒般在城市流竄，不變的是，每次造訪，桌上還是擺滿被捏扁的啤酒罐，還有她一派慵懶的模樣。如今回想起這一段，我仍想不透當初她要求我設計包裝的保養品，究竟賣給誰了？

回憶起那段業務時光，豐富精彩。**我終究透過自己**，**成功改變人生劇情的發展導向**。而我最喜歡的時刻，是和客戶簽訂合約後的傍晚，在彰化鄉道開著車返回公司，有夕陽餘暉相伴。兩旁是稻田，搖下車窗，鼻尖滿是清爽的乾草味，雖然仍是隻身一人的孤獨，卻溫暖又魔幻。

孤獨力初級修煉　第五課

● **第一步：**做業務不是混跡於一群人內，而是**一個孤獨的你，面向所有人。**

● **第二步：**降噪，孤獨是內核。碰上未知的第一種情緒不應是恐懼，而是好奇探索，盡情攝取。

● **第三步：**視恐懼於無物，面對眼前的人事物，大無畏地，就用你整個肉身去迎接。

就選在高峰時，瀟灑孤獨地離開

——轉職，是場殘忍自虐的無良博弈；外人不可思議，你卻不得不這麼做

「我眼下這份工作，究竟對不對得起自己？」這問題是否曾出現在各位的思緒裡，一再被探究與核實？孤獨者的修煉，也常起於自省——這就是良知的證明。職業從未有高低輕賤之分，各行各業都值得敬重。此刻所談的良知，無關真實發生的犯罪事證，而是指**這份工作，與自己的價值觀相互對照時，你有愧無愧、意志相違或相契的一種內觀詰問。**

工作是種利害關係的糾葛，直接或間接成就了什麼人，或是否在不經意的時候傷害了關係人，或因為本位利益而犧牲了誰；身在職場，如何能不損人，但仍能利己？著實是個大哉問。而我們終將需要取得相對平衡，藉以完熟職場人格。

在這家廣告公司工作了近四年，眼前的一切雖帶給我成就感，也確實扭轉了早先的困境。但這份工作追索究竟，**卻讓我對自身的職場價值觀，產生越來越深刻**

的質疑。終於，在某個上班日早晨，當我按掉手機鬧鈴，翻身下床的瞬間，我決定辭去工作，我累了。

做得越熟越貪婪……實在良心不安

在這裡要先倒敘一下，為何我會如此爽快地決定離職。

隨著業務能力越來越高明，漸漸地，為了衝高業績，我變得有些貪婪——我已能嫻熟地運用自身看似誠懇的外型與談吐，**多賣給客戶其實並不需要的設計，或甚至哄抬設計高價**。讀到這裡，很多人一定會覺得我瘋了。（尤其是本章的主角哲學家老闆，如果你現在有在讀這本書的話。）做業務本來就是一個願打一個願挨，公司獲利才重要啊，業務員若不賺錢，公司留你何用？是的，這些都沒錯，直到那些事發生之後。

當年，我曾服務一個有六十多年歷史的老牌工具機客戶，與我對接的是該公司的第二代（小老闆）以及承辦窗口（以下簡稱承辦）。我們三個年輕人對企業創新很有共識，很快就建立起交情。然而，整個企業實際上由母親（董事長）主持，小老闆與母親的想法並不一致，想當然爾，母親是守成的，兒子欲於創新。

起初，我們從簡單的雜誌稿設計生意開始合作，到最後，他委任我協助更新企業識別的設計工作，對於一個老牌企業，這可是大型的再造工程。

首次提案時，我不知為何身為董事長的母親儘管列席其中，卻好像局外人一樣，似乎絲毫沒有參與感。「是不是母子倆鬧彆扭啦？還是兒子不愛吃今天晚餐的菜，所以媽媽在生悶氣呢？」當下我還有心思無聊輕佻地臆測，腦袋裡有好幾個小劇場同時運作。

總之，該次合作的交涉過程一直怪怪的。直到最後，承辦才在私底下難為情地告訴我，**更新企業識別，是小老闆單方面的個人意願，並未與董事長達成共識**，母子也因此冷戰。隨著狀態越發膠著，該合作終於走到胎死腹中的地步，依約我必須再收一次費用，才算合約終止。

請款發票寄過去好幾週後，一直沒收到設計款項，我嘗試多次與承辦聯繫，每次電話中，承辦總低聲下氣地頻頻道歉。而帳收不回來，我對公司也難交代，於是我只好持續催討（依舊有禮貌，但態度越來越堅決）。就在某天，款項終於寄到公司。我拿起電話想向承辦道謝，熟悉的分機號碼卻傳來陌生的聲音，告知我承辦已於數天前悄悄離職了。

我害別人丟工作了

後來側面打聽，原來是董事長不願再給付這一筆款項，但這筆費用仍在小老闆的簽核權限內，**而承辦為了替小老闆頂罪，只得依約將款項寄給我，最後承辦獨自擔了此事，隨即離職。**

「我害別人丟工作了。」我對此非常自責與內疚，心情低落許久，也沒有勇氣再與對方公司聯繫，最後以疏遠告終。多年後，有次我與友人在臺中某間印度餐廳吃飯，結帳完走出門口，竟看見久違的承辦。我走上前去想打招呼，並表達當年歉意。但我們四目相接時，他只是一臉漠然地望著我，視而不見地走進餐廳。此事擺在我心裡多年，這份歉意直到現在還留著，若有天再遇上，我仍想還給他。

賺了不該多賺的錢，我開始不快樂

那次事件過後，我仍持續業務人生。這天拜訪了一個只有三間分店的廚具品牌，該公司只做經銷，而老闆一心想做品牌。我清楚認知，經銷商售賣的都是代理產品，做品牌是沒意義的。但我又再次利用我那令人信賴的話術與誠懇的態度，開了一個近七位數的簽約金額，推他做一個根本無須購入的全套品牌識別系統。對方乖乖簽了約，而我也拿到了豐厚的佣金，但我心底隱隱不安。

隨著每次提案，我越發感到愧疚，望著坐在老闆身旁的老媽媽，每次提案時她都會安靜且微笑著聽著我們說話，一開口就直稱讚設計提案很漂亮，勤於招呼我喝茶，與我親切閒聊，而我只有極大的罪惡感在心裡洶湧。**不是我們的設計不值高價，而是我覺得我違背了良知，賺了不該多賺的錢**。當業務是要為公司賺錢的，但我一定要用這種方式做這筆生意嗎？最後，案子完成到一個段落，順利將新商標掛上外牆，但最後那不合理的尾款，就在我與公司坦承想法後，上頭同意我不再追帳，並淡化告終。

至此，我真的開始懷疑自己到底適不適合做業務，是不是應更冷血、更心狠手辣，才能突顯我的成就？**但這真正是我想要的嗎？**

日子依舊馬不停蹄地前進，我開始不快樂。每天就是填報價單、請款單，重複而蒼白。這一日，一個穿著樸實的年輕人走進辦公室，暫且稱他樂天男。他說從網路上看到我們的設計非常喜歡，循著地址找來的，他想創業開手搖茶店，需要做商業空間設計。簡單與他溝通一會兒，我發現他是白紙一張，完全不懂經營，再加上店面根本不在人流量密集的街廓，完全沒有人潮，開了店一定會倒閉，這筆錢絕對會賠光且害他負債。

我問他是否有一起創業的朋友或是合夥人，樂天男說只有自己。我委婉地想勸他別衝動，希望他想清楚營運思路，再來找我們做設計。樂天男說開茶店是他渴望已久的夢想，錢也存夠了。這些日子以來，他四處奔走尋找最好的臺灣茶葉與原物料，對產品極有信心，也力邀我試喝他的茶，絕對與別人不一樣。

「我明白。」我說，但開店除了產品力之外，還包含了營運管理、行銷企畫等，這都是開業極重要的一環，真的沒這麼容易。而樂天男再次斬釘截鐵地告訴我：「好產品會自己說話，我相信日子久了，就一定會有知音上門。」

「是呀，你的產品如果能開口唱饒舌，應該就更好了吧。」我心想。

從沒見過付錢比收錢還開心的

想了幾天後，我決定不再做違背良知的事，便找了藉口婉拒，而樂天男不死心繼續央求。禁不起他一再糾纏，掙扎數日，我勉強答應。與他討論開業資金各項支出分配後，**把設計費用包含到施工裡，幾乎沒幫公司賺錢**。款項底定後，樂天男樂不可支，我從沒看過付錢的比收錢的還開心，只求能幫到他一些忙。

在這之後，設計工作十分順利地開展，整體空間很有風格與新意。直到進場施工前，我才發現工程材料費用比之前預估的高出一些，與樂天男說明後，我強烈建議他：「我請設計師調整，使用替代建材就好，效果保證不會有顯著差異。」他望著報價單猶豫許久：「我回去想一下。」

幾天後，樂天男出現在公司，從包包裡拿出紙袋，裡面是**幾十萬追加的工程**

款現金，幾疊鈔票還有些濕潤，那畫面跟早期連續劇裡，主角四處籌錢救急的劇情根本沒兩樣。樂天男說，找親友周轉了，他又說：「我夢想的第一家店，一定要做到最好。」我聽完差點昏倒，**好想打電話叫他媽媽來把他帶回去**。為此，我們起了爭執，**最後根本是他在遊說我增加工程預算，這是什麼超展開呢？**

增加預算後施工終於開始了，生財設備陸續進場，完工後，他的茶店嶄新開業。營運一段時日後，起初還熱熱鬧鬧的，人潮不斷，都是親友捧場，而我每天下班都會繞過去關心他一下。開業蜜月期過後，正如我預期的那般，他的生意開始慘淡。起初，樂天男還會打電話給我，聊聊營運狀況。我不斷建議他應該做些網路廣告或任何形式的行銷活動，至少先產生一些關注，他始終沒聽進去。隨著時間一長，也漸漸疏於聯繫，最終失去音訊。

數月後某天週末，拜訪完客戶的黃昏回程，我忽然想起他，便開著車悄悄地繞到茶店附近。遠遠地，我望見店頭鐵門拉下，門口用幾個盆栽擋住，騎樓前停了機車、堆了些雜物。那絕不是公休，百分之百歇業了。樂天男為期不到半年的開業夢想宣告結束，但那招牌還新得發亮啊。我獨自坐在車裡，心情無比複雜。

這生活不是我想要的，裸辭吧

我忽然意識到：**這並不是我要的生活啊**。沒多久，我便向公司提出辭呈，結束了四年的廣告公司人生，心頭如釋重負。

事實上，我也沒想好下一步要怎麼走，用現在的話來描述，這就是裸辭。如果有哪位業務老鳥看到我這篇文章，一定會費盡力氣嘲笑我：笨蛋，有錢賺為什麼不賺，人生哪來這麼多負疚？很抱歉，我真的辦不到。

世界上有很多職業可選，賺錢當然很重要，但並不是絕對的衡量標準。我甚至認為，**如果你以收入作為衡量工作的唯一價值，注定錯過更多可能**。漫長職場生涯中，所作所為，都會在潛意識裡映射心之所向；並隨著年歲累積，深遠地影響你的職涯發展。

你想成為好公司裡的壞人，或是壞公司裡的好人？我建議大家應**傾聽並順從內心的召喚，相信那些直覺與感知**，並切實回應每次產生的質問，這些都在引領你走出此刻的自己，領受新的明日。

走出心理困局，我卸下一身豐功偉業，孤獨感依舊如影隨形，隻身走向下一段旅程。

孤獨力初級修煉　第六課：

- **第一步：**關於一份工作到底適不適合，別急著下定論，給自己一些時間，給時間一些時間。
- **第二步：**全身投入，持續觀察這份工作帶給自身的細微變化。
- **第三步：**一旦覺察到**自身心志已凌越工作本身的高度**，你可選擇繼續不費力地高薪低就，或是打碎一切，讓自己重新來過，建構新的自我，即便未來吉凶未卜。

這間行銷顧問公司，只給剛好符合《勞基法》規定的薪水

——自認一身本領、前景看好，結果又回到原點，不，是低谷

作為一個孤獨的修煉者，你總能憑清醒的意志為自己做決定，卻無法預知將會去到什麼地方。人有時很奇怪，你明明覺得這不是一個最理想的選擇，但就是必須走過這一遭，才知道事情到底有多荒謬，這也是人生的趣味所在。我建議大家，**與其沒有任何作為，不如試著去做些奇怪的事或選擇**（但別去搶銀行就是）。終究，你必須透過很多大膽的實驗性選擇，找出一個適合自己的，即使它不是最好的選項。後來你會明白，做選擇不難，難的是如何讓自己所做的這些選擇，產生意想不到的價值；而所謂**最好的選擇，坦白說，往往永遠是不存在的**。

離開廣告公司後短暫的失業時光，一時半刻我有點茫然，既不想再回到廣告業，也不知道自己還能做什麼，簡直毫無頭緒。找新工作的那些日子，我帶著筆記

型電腦，又跑到以前常去的那家麥當勞，同樣點一份便宜套餐，看免費雜誌。當時我迷上由日本搞笑漫畫《日和》改編的五分鐘動畫，一看就是整個下午，整間餐廳二樓都是我的笑聲——那段日子，我就這樣打發時光。

所幸大約一個月後，我找到了一份行銷顧問公司的工作。當時還以為這不過是返回原點、重新開始，沒想到，竟是低谷。

薪水兩萬？我有聽錯嗎？

「薪水兩萬喔。」新老闆是個女性，嬌小清秀可愛，暫且稱她小倉鼠。從小倉鼠嘴裡自信又自若地說出這個薪水，我瞪大眼睛以為聽錯了。我在上一家廣告公司領的薪水，歷經四年磨練，早已遠遠超出這個數字。聽完之後，我當下差點奪門而出，恨不得飛奔回去緊抱哲學家老闆的大腿懺悔：「對不起！是我錯了！我不應該這麼任性辭掉工作。」

新單位的規模極小，包含寫結案報告的研究員在內，全公司不到六人。原來這也是業務性質工作，除了要做客戶開發，也要向客戶提案，除了底薪，還有業務獎金，但業務員只有我一個人。工作內容很簡單，就是我去接案子，接回來讓研究員分析研究、撰寫報告，最後我負責對客戶提案與結案。而這份工作真正引發我興趣的，是涉及了**行銷研究領域實務**：包含品牌測試、包裝測試、口味測試，甚至還有電話民意調查，太新奇好玩了，嚴謹中充滿趣味。

以前我讀碩士班時，原以為都只是紙上學理，但透過這次經驗，我要跟大家報告，**那些行銷研究調查都是來真的**，貴公司有需要的話，趕快去找他們做研究，真的可以從你想知道的真相中，得到一些獲利的端倪和線索。就這樣，明明已經出社會四年的我，竟答應了這份底薪才兩萬元的工作，如今想來真是太荒謬了。

只要別叫我研發火箭，一切都好談

與小倉鼠談完後沒幾天，我就正式入職，她為我職前特訓一番，再加上小聰明如我，很快就掌握了業內要領。總之，這些商業行為，都不脫社會科學範疇，當中都有通則可依循，只要不是憑空叫我研發火箭，一切都好談。就這樣，我再度搖身一變，從廣告業務成了行銷研究顧問專家。這份工作有趣的是，小倉鼠幾乎不太約束我，好像很理解我似的，知道我能很完整地掌握全局，我只需要定期更新進度即可。此外，她對我的管理成分比較低，以致在這段職涯記憶裡，她的形象顯得有些稀薄。每當回憶起她，我都只記得一張圓圓的臉，有點可愛。

起初，我的客戶是鄉鎮公所政風室。每年政府單位有種「低價標」，透過電話民調來做民眾滿意度調查，真沒想到這也能成為一門生意。我跑遍中南部各種鄉鎮公所，去拜訪並理解需求，以爭取執案。每次走進中南部的鄉鎮公所，都有種回到國小教務處或訓導處的感覺，充滿濃濃的懷舊感。

在鄉下地方忽然出現一個時髦年輕帥哥，總會引起行政人員姊姊們的騷動，她們親切地爭相與我攀談。每次結束業務行程後，適逢中午時段，我都會在產業道路旁或榕樹下的小麵攤吃陽春麵，空氣有些微微濕熱，眼前是靜謐的鄉間，感覺十分愜意。

薑母鴨的湯頭口味也有學問

除此之外，我也承接候選人電話民調案。我的辦公桌前，是兩排電訪設備。我常在座位隔板的掩護下，像潛伏的鱷魚一樣露出一對眼睛，偷看公司其他電訪員做民意電訪。電話聲此起彼落，有人被秒掛電話後大罵髒話；有人皺著眉用著生硬臺語溝通；有人被政治狂熱受訪者纏上，聊個不停而一臉困擾。鬧哄哄的電訪現場，我從不知道我的人生竟會與這類畫面扯上關係，這些後來都成為腦海中偶爾會出現的記憶，**彷彿就像自身的妄想，卻是曾經真正存在過的事實**。

後來很快地，我接到了首件商業委託案，是臺灣知名薑母鴨店連鎖品牌，他們希望對分店進行口味調查。這件委託案起因於一起小小內情。簡單來說，某間分店不遵照總店指示，擅自使用自己的配方湯頭，生意卻是所有分店之中最佳的，這教總部情何以堪？畢竟這種不受總部控制的行為，在連鎖餐飲體系可是大忌。於是，總店為了調查真相以及口味的差異性，委託我們進行焦點訪談。

首先，我們設定幾個參數，從該薑母鴨品牌上萬筆會員資料庫中，用滾雪球的方式，撈出八位符合參數需求、理解該品牌、涉入程度深、忠誠度高且具有代表性的會員，入選成為訪談者。既有車馬費可拿又有薑母鴨可吃，受訪者接到電話邀請大都滿開心的。

焦點訪談的重頭戲，就是大家常在電影裡看到訊問嫌疑犯的那種場景：透過一面單透鏡，外面看得到裡面，而從裡面往外面看，就只是一面鏡子。客戶們（業者）會坐在外面不開燈的小房間裡，觀察裡頭所有訪談過程，一旁還有研究員做同步的錄音與記錄，一切看起來煞有其事。那麼，訪談主持人是誰？當然是我。儘管我完全沒有任何焦點訪談經驗，全靠過去看過的電影或電視劇來揣摩這份工作，心中帶點緊張與刺激感。

業者狂遞提問小紙條，還有想交友的……搞什麼啊

訪談前，客戶提早抵達，躲在另個小房間準備食材。客戶堅持必須現場炒料熬湯，不能事先準備好再復熱，風味將會完全不對。我很佩服業者的專業素養，但

當天下午，整間辦公室都是薑母鴨香熱蒸騰的味道，所有人都無心上班。

訪談開始後，所有人的眼睛盯著我，等待我會問什麼問題。包含品牌印象、產品組合的知覺價格與知覺價值，服務滿意度與店內整潔度等，所幸問題一題一題過關，一切都很順利，**我覺得我轉行當主持人應該也沒問題**。

焦點訪談還有一個趣味環節，就是業者可隨時機動性地遞問題小紙條進來給我。每次拿到小紙條，攤開時都像是在開獎一樣，問題五花八門，但這些不會列入結案報告裡，變得像是客戶的私人娛樂時間。記得有人問到：哪家店的店長會不會很兇？哪家店的麵線夠不夠香？米血會不會太硬？我心想，這種問題真的有人能答得出來嗎？沒想到這八位受訪者竟然都能清楚回答，甚至分析得頭頭是道，讓我大開眼界，真不愧是品牌忠實顧客。

後來客戶玩上癮了，小紙條一直傳進來，原本的題目都快問不完了，我開始有點不耐煩。直到最後傳進來的紙條：「主持人，我想跟你右手邊數來第三位受訪者交朋友，結束後可以把紙條偷偷遞給他嗎？上面有我的手機號碼。」我簡直不敢置信，這是什麼日本惡整節目嗎（這題我當然沒問）？

喝酒、吸菸有礙健康，但同樣需要市調

我還曾做過某品牌清酒的口味測試，受訪者們喝到開脾了，結束後竟然熱情相約續攤喝酒。然而最奇情的，就屬國產香菸口味測試。由於室內不能吸菸，訪問方式是依序把待測試的香菸派給男性受訪者，讓他們自行到樓下的騎樓試抽，抽完後，再上樓填寫問卷；接著漱漱口，再派新菸。而我的訪談內容，則是問他們抽起來口感如何？菸草夠紮實嗎？香菸會很快燒完嗎？明明是對人體有害的東西，為何我還得一臉專業、正經八百地詢問呢？真是夠怪誕的。（在此不免俗地提醒各位讀者：吸菸有礙健康。）

這份行銷研究工作待了將近一年後，雖然有趣，但薪水始終達不到我理想的狀況，而我也感覺玩夠了，終於萌生辭意。回首這份工作對我職涯最大的決定性啟發，就是我開始思考，**如何從合約上的乙方（受委託者），跳到甲方（委託者）工作。意即進到企業體系裡，專心單一地做一個品牌**。而我萬萬沒想到的是，過去每段職涯歷程的總和，在某個關鍵時刻，終會匯聚、產生集大成的推力。

孤獨力初級修煉　第七課：

- **第一步：**明確認知，絕對最佳解不存在於人世間，我們僅能在取捨之中，獲得相對最佳解。
- **第二步：**別小看任何一個荒謬的職場選擇，試著從中找出值得學習的價值，然後內化它、成為你的裝備，某天一定會派上用場。
- **第三步：試著在每個荒謬的選擇中，置入一個孤獨的你**，接著，靜心不浮躁地深刻體會。

三十歲的我，首次陷入無以名狀的職業危機，但仍執意向前

——你以為已經很接近某種成功狀態，但其實根本沒沾上邊

什麼樣的事情，會令你感到恐懼？而人類又為什麼需要恐懼這種情緒？很年輕時，我常思考「恐懼」這件事，總想嘗試探究它。人生際遇裡，我們不斷遇到各種困境或挑戰。恐懼的生成，**常來自於對未知的不理解或無法掌握**，你不知道它將如何吞噬你，一下子就把事情想壞。於是，我們像被制約似地，先隨便拿一個情緒來搪塞，不幸地，拿到的常是恐懼。所以我們被訓練成「一遇到不理解或未知的困境、難題，便兩腿一攤，讓自己先徹底擔心害怕一番」，其實大可不必。

職場中，所有來到你眼前的各種大小事，**僅是已生成的現象**。多數是外在環境造成，不針對你，也不因你而起，只是剛好發生在你身上，也無須煞有其事地把它當成件事。**遇上了，就直接面對它**，對，就這麼簡單。作為一個孤獨的修煉者，

我只想建議大家，**不囉嗦，直接跳過恐懼害怕**，就耐著心，帶點無賴也好，冷著臉，任憑它在你眼前張牙舞爪或虛張聲勢；無論情況再怎麼糟，不要繞道、一路前進，就好好去感受：**讓它經歷，孤獨地領受它、解決它**。相信我，它將會成就你，磨勵出更強大的心理素質。年輕的我，在這段時期，脫除恐懼並獲得醒覺的啟發之後，後來職業生涯的每一個階段，就算我如何次次落入人生低谷，臨淵而立，奇異的是，我從未感到任何真正的恐懼。只是孤獨地凝視與伺機，冷靜並忖度，我經歷著，並在過程中等待下次機會，心有盤算。

三十歲時，我失業了

三十歲，應是要在職場風風火火、大展拳腳的時刻。但此時的我，早晨醒來，像個廢人躺在床上，直盯著天花板，感受著皮膚上，時間細微流逝，不慌不忙。右耳聽到爸爸在樓下的咳嗽聲；左耳聽到窗外街坊參雜訕笑聲的對話；更遠一點，聽見郵差停下機車熄火，扯嗓大喊著掛號。前幾年在廣告公司生龍活虎的自己，那段人生，竟像是虛構的一樣，彷彿不曾存在。是的，職場似乎已與我無關。從前一節提到的行銷顧問公司離開後，我失業了，那年，我三十歲。

那幾年，在高速運轉的職場生活之下，情緒就像是瞬間被灌進玻璃杯裡的冰啤酒，泡沫熱烈地湧出，原以為只要這樣持續下去，就能被推湧至某種成功狀態；三十歲時，便能小有作為。而現實根本不是這樣，我甚至連邊都沒沾上，一切就在瞬間，戛然而止。

失業那段時日，有點可笑的是，我表面上對父母謊稱自己準備創業，所以先從ＳＯＨＯ做起，但真相是，**我找不到工作，我不知道要做什麼**。雖然渴望能進入品牌工作，但要為什麼品牌服務，我毫無頭緒。再者，臺中的工作機會，並不若臺北如此多樣化，而到臺北工作，也不是我的選項，因為我從未信仰過那座城市，真能帶給我什麼。

從職場隊伍中脫隊，給人異樣的感受。這令我想起國小晨間的升旗典禮，全班都到操場集合，空蕩的教室只留你一人。外頭的訓話聲在遠方繚繞，此刻你感到輕鬆，卻隱隱懷揣不安。「失業的自己」似乎異常鮮明，更多的是空洞。

填詞、寫歌、教作文……我那短暫豐富的接案人生

失業那段時間，認真說起來，也並非毫無收入。由於過去在廣告公司累積了一些客戶人脈，他們喜歡我的文字，有時會外發案子給我，寫寫軟性文章、品牌簡介什麼的。原本只是試探性地問我能否幫忙，沒想到竟成為我失業期間的主要收入來源，每個月萬把塊不等地賺。

當時，碰上有文案可寫的早晨，醒來時我都比較快樂。除此之外，我還突發奇想，想嘗試寫歌詞這樣的工作，於是就把過去出版過的小說，郵寄給臺灣的福茂唱片，也隨信附上我想成為填詞人的願望。沒想到版權部門的負責人竟很快就寄了電子郵件給我，表示未來若有填詞的比稿，也會邀請我參與。就這樣，填詞成為我生活中某塊重心。

然而，在失業的那七、八個月期間，我一首又一首地填，結果一首歌詞也沒賣出去（也就是沒被唱片公司選中）。現在回想起來，只覺得說不出的可笑，**當時的自己，到底憧憬著能成為什麼樣的人呢？**不過還是得謝謝唱片公司，曾經給過

我這個機會。

在家ＳＯＨＯ的日子，我很少說話，也很少與家人交談，生活中也沒什麼常往來的朋友。倒也並非蓄意孤僻，而是**利用大量與自己獨處的時間，持續梳理內心要的是什麼**。日常生活中，我很常一週只出門一次，而非得大量說話的時機，就是每個週末的作文課。

我會成為作文老師，也是一個意外。原本只是玩票性質，幫親戚介紹的作文班代課，主要是教五、六年級的小學生。其實早在第一間哲學家廣告公司時期，我就開始了這項夜間兼職，每週四下班後去代課。這一教沒想到竟然又教出口碑，在坊間流傳著「有個長得很像周杰倫的帥氣作文老師」，為此我還取了「張謙」這個補習班老師的藝名。有一度我又幻想：「難道我要成為電視上所謂的補教名師了嗎？」經口耳相傳之後，有多家作文班主任打來邀我去教課，最後，我選擇了每週末跑三間補習班，開啟為期將近一年的作文老師生涯。

小大人的煩惱，補習班老師最知道

當補習班老師其實很累，真的沒有想像中輕鬆。每個班級大約十多位學生，上課前我得先備課，教材還是自己編的。每週末上完課，就要改幾十份作文，**根本就和體力活沒兩樣**。上課流程前半段主要是修辭教學、句子與段落練習，後半段訂出一個作文題目，孩子們會花一個小時將作文寫完，有時，我也讓孩子們寫詩，或寫短篇科幻故事等。

這些男孩與女孩們，雖然都還只是小學生，但已有小大人般的煩惱。他們常常會在上課前的時光，圍在我的課桌前跟我傾訴，先來的，可以站到我旁邊靠得最近。可能是女孩對班上男孩的單戀，或最近哪部偶像劇好好看，學校的誰又捉弄了誰，棒球隊教練很兇，不像張謙老師這麼好。我微笑著，靜靜地聽著他們小小、細細、輕盈的煩惱。每次去上課的時候，我會買些日本糖果派給孩子們，我稱為靈感糖，允許一邊寫作文時一邊吃，派糖果的時候，他們都滿臉高興地等待。

在這段教作文的生涯中，有件印象深刻的事。當時的班主任希望我去接一個班級，她為難地說：「班上有一位妥瑞氏症的男孩，上課常會發出怪聲，作文也寫得很差。我們把他安排到最後面座位，張老師你可以不用管他，只要他不要太誇張，影響到其他同學就好，很多老師都不想教這個班。」我明白妥瑞氏症的緣由，表示無所謂，就接下了。

遭人排擠的妥瑞氏症兒，因我進步神速

接手後的第一堂課，我就注意到妥瑞氏症男孩。皮膚白皙，五官清秀，一臉小帥哥樣，但到上課途中就不是這一回事了，他會五官扭曲，無法自制地發出高音頻的奇怪叫聲，或身體不受控制地抽動，當他踢到前座同學桌椅時，所有人就群起惡意咒罵，好像他本來就應被這樣對待。

我見狀相當震驚，立即嚴厲制止，所有人倏地安靜。無法想像男孩之前，曾遭受多少老師默許的霸凌。我花了一點時間，與學生們講解妥瑞氏症病徵，但小學生似懂非懂的，並未完全聽進去，**也許人類對於弱勢異端，天生就有種想欺凌的劣**

根性欲望吧，但就是在社會教化下被壓抑了。我嘗試讓妥瑞氏男孩有上課參與感，有時會讓他朗誦文章，或到前面寫黑板練習，分散注意力，也讓他跟同學對話互動；寫作文時，我會多花些時間耐心教導他。

他進步得很快，只是有時寫得比較慢，因為他的腦袋很辛苦地在跟妥瑞氏症打架，打贏了才能繼續寫。沒多久，他已能獨力完成一篇六百字的作文，字裡行間充滿青澀豐富的靈感與想像，我覺得很有成就感。

那天晚上下完課準備離開，我在作文班門口遇到剛下班、匆匆趕來接妥瑞氏症男孩的媽媽。媽媽見到我，滿臉開心地向我道謝，更激動地說，當她第一次看到孩子獨立完成的作文時，忍不住眼眶泛淚，從不知孩子能寫出這樣好的文章。

我微笑看著這位媽媽，百感交集。忽然記起自己還在憋尿，偏偏作文班鐵門已經拉下了，只好佯裝鎮靜，匆匆與孩子和媽媽告別後，火速跳上車發動引擎，直奔回家。

伺機吞噬我的龐然黑影，不過是窗邊的一隻黑貓

最終，這為期不到一年的SOHO時光就要告一段落。與孩子們相處的這段作文課時間，竟是我人生中最快樂的日子之一。事後回想，這種實驗般的生活，其實相當充實。在那之後沒多久，我就要準備再次投入職場，也不再教作文了。**當年的自己，也許是與心中的孤獨內陸，最貼近的一段。**

儘管失業、靠著零星接案賺錢，我仍毫無氣餒，也沒有太多的負面情緒，就只是若無其事地，繼續生活，孤獨一直伺機成為龍罩並吞噬我的龐然黑影，但當我走過了，一回頭，原來她只是坐在窗邊的一隻黑貓。

回想自己三十歲的職涯上半場，好像只交了一張及格考卷。之後，我收到了新的入職通知，就要展開下半場的職場生涯，沒想到，這會是個令我大開眼界的新開始。

孤獨力初級修煉　第八課：

- **第一步：**當恐懼來到眼前時，別慌，讓孤獨的內核運作起來，儘管表現得若無其事。
- **第二步：**一邊實驗性地生活，繼續推進，同時，伺機感知，並搜尋新的機會與可能。
- **第三步：**當狀態進入平穩且毫無變化的安逸時，機會也成熟了，這就是你重新思考新方向的時刻。

PART 2

孤獨是為了清醒地，親眼見證這怪誕的職場

——學會一個人的孤獨，才能看懂世界的熱鬧

再次地，我在職涯發展最好的時候，選擇離開，我知道我必須設法理解，當下及未來間的各種關係與可能。聽說科學家老闆對我的那句稱讚，在我離職數年後他才親口說出來，當下我只覺得意外，卻又覺得終於被明白，但也不重要了。

◉人生第一次當甲方：每日都是思想鍛鍊，超有創意的科學家老闆

——回老闆一封簡訊平均半小時，但他要什麼我從沒一次就猜中

作為一個孤獨修煉者，面對職場裡各種約定俗成的規則與框架，我常孤獨冷眼以對。我認為，形成獨立的思想機制很重要。你可以藉此判別，眼前這個狀況或規定，是否值得遵守、能不能選擇性在意就好；或者根本不用理會、直接忽略，建構出一個自我判讀的系統。像個濾篩一樣，只留需要的，不需要的就不拿，連心裡都不進。話又說回來，職場裡的模板與框架，皆是為了從眾精心準備的：從眾者一看到規矩就害怕，一下子就急捧著奴性要遵守，好像深怕被看穿自己並不合群似的。**當你養成從眾性格，無論轉換多少次工作，也只是換個場景持續被奴役罷了。**最終，每段職業經歷都是平移狀態，從未垂直成長。

所謂從眾特質，大致上是熱衷茶水間文化、熱衷參與辦公室嘴碎、熱衷不甘

寂寞的團隊生活，渴望抱團取暖，以及經營社群平臺，但在這些偽裝的光鮮背後，現實生活貧乏得可以，更是毫無思想可言。人生倏地一眼望到頭，驀然回首，竟已來到中年，什麼都沒有，有的人甚至活得捉襟見肘，光想到就令人不寒而慄。

職場與你只有供需關係，雙方對等才有得談

諸如此類的討論層次，其實都指向最初衷的一點：**你究竟想透過職場獲得什麼？**我並非鼓勵大家挑戰職場文化，或非得與資方站在對立面不可。顛覆，是革命家要做的事，從來與我們無關。相反地，我想建議大家，**暗自遵循脈絡、認清局勢，不動聲色地了解來龍去脈，一切都在思想裡運作；**同時保持淡定，漸漸你就會洞悉眼前一切。

當我開始寫這本書的時候，就決定不用心靈雞湯或毒雞湯的語境，來恐嚇讀者職場有多複雜、多奇險或多難以生存，應該如何或不應該如何。就我的觀點來看，那些說法說到底，都是不存在的思想障蔽。**我從來都認為，職場根本不複雜。**

大抵上來說，**我們與職場之間，只存乎供給與需求的關係**，彼此都在力求一個對等的立場，有了對等關係，就能有談資，就能對職場獲得相對主導權，而**所謂談資，就是你累積的被利用價值**。說到底，還是與工作能力有關，追根究柢、反求諸己，無關乎其他。

將肉身安置於物理性的職場，全心投入工作，而讓思想役於從眾之上，並令意志引領人生到更高遠的境地。居高俯望時，你會發現，眼下職場裡多餘的旁枝末節，微渺地不值得一提。我想一再懇切地告訴讀者，他人嘴裡無關緊要的職場齟齬，就算被說了，或被無端臆測了，都與你無關，也根本無須解釋。**別輕易讓有心人有機可乘**。有句話說得好：讓子彈飛一會兒，等他們演得累了、乏了，再來看怎麼收拾這些人。而從頭到尾，你還是你自己，你的狀態從未片面被改變、從未被影響，你還是完整、只專注於當前工作的自己。

這個篇章的前言寫得有些多，在開始之前，我想把這種感覺，用以方法論，予以文字詮釋清楚。**對自身明確後，才開始參與工作，這是相當重要的順序**。就用最孤獨的自己，去暢想職場的各種可能吧。

新老闆是熱衷研發、勇於嘗試的科學家

再次踏進幾年前擔任廣告業務時曾拜訪過的公司，感覺有些奇異。當年生意沒做成，現在竟成了他們的員工。新公司是中部知名的餐飲集團，旗下擁有多個品牌與分店，包含中式連鎖餐飲品牌、高檔法餐品牌等。這回，我拿到品牌經理的職銜，第一次從乙方跳到甲方，對所有事都感到新鮮。

雖然是第一次接觸並能獨立做品牌管理，但關乎最終決策時，還是得聽老闆的，小到連一張廣告設計稿或是菜單，都得先給上頭過目。我的工作內容除了例行行銷活動與公關安排之外，更多時候，需要跟新老闆做品牌方向的思想溝通，以及回應他許多的瘋狂念頭。

新老闆想法多變且靈活跳躍，怪招一堆，應接不暇；**我常覺得他的想法就像洋蔥，剝了好幾層後，以為已經剝完了，沒想到，竟然還有好幾層，著實難以捉摸。**在還沒能習得品牌管理經驗之前，真正讓我在他身上大量學習到的，是相當珍

貴的職場關係揣摩，每日祕而不宣的澆灌，讓我迅速成長。

為何稱他科學家？這個綽號來自於我崇拜他熱衷於各式料理研發、充滿實驗性格，富有創新思維、勇於嘗試的精神。就算新菜色賣得奇差無比，他也毫不氣餒，他真值得這個稱號。我也從公司歷史資料中，讀到他白手起家的傳奇過程，至此終於明白，他是認真熱愛美食的，每道料理，都有他許多故事與意念，充滿熱情。食材新鮮、料理方式簡單，但分量十足、價錢平實、風味出色。大家讀到這裡，也許認為這幾句話不免落於俗套甚至馬屁，但這是我對他致上的最高敬意，**我打從心底認定，他是一位餐飲實業家。**

弦外之音藏太深，自己腦補還猜錯

為科學家工作了將近兩年時間，**他的特質非常鮮明且單一，永遠不變的，就是「變」**，這讓我吃盡苦頭。至於當年，他為什麼選中毫無品牌管理經驗的我，迄今我仍不甚明白。

剛開始三個月溫馨蜜月期的時候，科學家對我還算禮遇。當蜜月期一過，職場畫風忽然變得無比寫實。「力中，我認為你應該如何」、「力中，不要揣摩我的想法」、「力中，這樣很不妥當」、「力中……。」每天上班，都能聽到他對我的各種花式喊法。**科學家心思極為細膩，語意裡時而藏有弦外之音**，我竟絲毫沒意識到。有時明明已照科學家的意思去做，卻總無法做到他想要的。

後來，我變得行事猶豫、裹足不前。科學家通常會用簡訊對我交代工作，而我常端詳著簡訊至失神——這句話到底是什麼意思？他希望我怎麼做？他究竟在想什麼？然而，他最常跟我叮囑的一句話，就是「不要揣摩我的意思」。

語落至此，我必須自發性地對這封該死的簡訊填入一些字（用現在的話來說就是腦補），一再斟酌或琢磨，每次回覆他一封簡訊至少得花半個小時，幾乎到了草木皆兵、疑神疑鬼的程度。通常往返數次之後，如果他沒進一步回覆我，**沉默即代表他被動認可，但我從不認為他滿意過**。

事情當然沒這麼簡單，有好幾次，我都以為已安全過關。然而，他會在隔天一早，再把我叫進他的辦公室，嚴厲地對我訓話好一段時間。當他喊我時，都令我不寒而慄，這根本是恐怖益智遊戲嘛。當時我常感覺，他這是在想盡各種言語折磨我，但我找不到任何動機。

被施了詛咒的職位，我真的能倖存嗎？

科學家不折磨我時，我必須熟知集團內各品牌的脈絡與故事、了解各分店經營與營收狀況、強記每位店長的名字與長相、背下每一份菜單與售價，以及每道料理的製作方式與特色等，並暗中理解職場政治環境。同時我也得與大家建立關係，表現出良善好相處的模樣。**我的思緒被掰碎、裂解成好幾個部分，疲於回應來自各方的訊息。**工作至此，我已覺迷失，天天遭受精神折磨，心思紊亂。

儘管我每天衣著光鮮地踏入辦公室，頂著一個響亮的頭銜，卻從沒人知道，我痛苦不堪。終日活像一塊被兩面香煎的臺南虱目魚肚，每天都很抗拒上班，想放棄的念頭時而浮現。更不幸的是，後來我又聽聞，坐上這個位子的人，剛開始科學家都是禮遇有加，但三個月過後，通常就與科學家不歡而散。甚至還有人私下打賭我能撐多久。**這個職位，像是被施了詛咒一樣，無人倖存。**

終於，在某個被科學家言語凌遲後的午後日常，我感覺所有一切，應在此刻結束。我疲倦地回到座位，茫然望向整間辦公室，鬧騰的環境裡，人人依舊各自忙碌，只有一個孤獨的我。接近下班時間，我好想逃回家。沒多久，有位同事在我之後，也向科學家做工作會報。從辦公室裡傳出高聲對話。科學家依舊利用他的言語凌遲那位同事。而同事談吐之間，就像是打太極一樣，四兩撥千金地，夾帶笑聲，利用各種說法應付著科學家，最後，科學家像是被成功安撫般地靜了下來，辦公室再沒傳出對話聲，同事全身而退，毫髮無傷。**背對科學家走出辦公室時，他堆滿笑意的臉倏地冷卻，面無表情地離開**，我捕捉到了這一幕。

任性的老闆，你需要我的幫助嗎？

那一瞬間，我像是悟到了什麼。回想幾個月前，當時科學家找上我，猶記與他的對話中，我理解他想讓品牌有些改變，於是他大量嘗試各種可能，像病急亂投醫，尋求各方意見，包含找我出任品牌經理。然而，科學家長期聽取來自四面八方的意見，最終導致想法任性多變，到最後，所有決策也變得猶豫而不確定，漸漸也對部屬缺乏信任。重點是，**他的精神折磨是對所有人都如此，並非只針對我**。到最後，多數人為了避免惹上麻煩，選擇接受折磨、虛應或敷衍他，只求每次能安然度過危機，或乾脆辭職不幹，當他是瘋子。

寫到這裡，也許大家會以為，我悟到的答案是「那麼，我也來跟著虛應敷衍科學家吧」。不，**我只問了自己一句話：「你想幫助他嗎？」**

最終，我沒有為了生存，決定加入虛偽敷衍的行列，抱歉，我做不到。如果要讓這段職場關係產生價值與意義，我知道，我將會選一條痛苦的路，必須做些改變，嘗試繼續走下去。因此，我的結論是，**我想幫助他，也是幫助我自己**。

下班了，我在電梯口遇到科學家。他在等另一部直達地下停車場的電梯。而我若無其事地走到他身旁，淺笑對他說：「老闆，慢走。」他側著臉瞄了我一眼，始終沒撇過頭看我，接著，他似乎壓抑了驚訝的情緒，點了點頭。我猜他認為，這次之後，我應該就會辭職了，就像過去被他惹怒的那些品牌經理們，但我沒有。

回家路上，我沉澱思緒，重新架構思想體系。那一刻，我像是重獲新生一樣，終於找到通關鑰匙，從未如此期待明日到來。

你說職場有多好玩，就有多好玩。

孤獨力中級修煉　第一課：

- **第一步：** 嘗試做一個不一樣的自己。設計自己，讓自己，也讓別人感覺你不太一樣。
- **第二步：** 如果覺得眼下的一切毫無意義，你至少要試過一次，想辦法讓它變得有意義。
- **第三步：** 別驚慌，別聲張。不動聲色地理解它、改變它，直到取得成功。

◉ 語境與揣摩：另類的餐桌文化禮儀

——關於那些試菜的日子，這兩年是我人生中味蕾最輝煌的時期

職場關係裡，有時最難處理的，就是發生爭執過後的情緒，常人眼裡看來，那真的很尷尬。我們與職場同事終日相處的時間，甚至比家人還要長，那種爭吵過後的濃厚情緒，似乎一直瀰漫於雙方之間，揮之不去，有時也影響了整個辦公室氣氛。少則數日，多則直接導致關係決裂，你們終將成為彼此的仇恨者，這是職場爭執常上演的劇情。如果爭吵對象是同事，可能因為對方調離部門，或其中一人離職，歹戲就能收場；但對象如果是發薪水給你的老闆，事情就似乎變得有些棘手。

與老闆起了衝突後，多數人第一個念頭，就是立刻打包辭職，別無他法，好像逃避是唯一途徑，離開前還順便發洩咒罵幾句。作為一個孤獨的職場修煉者，我既不以至善者自居，也不鄉愿地虛與委蛇。**要如何面對老闆盛怒後遺留的情緒？唯有一個方法，就是「表現得若無其事」**。進一步精確地說，並非表現得毫不在乎

或無視他，而是**用另種「尋常且認真的工作情緒與態度」來對待他，將焦點轉移回工作本身**，像是爭執從未發生過似的。而你，必須先清空自己的情緒，放下「我執」，把彼此之間的心理餘裕，全數留給老闆；等他有了餘裕，自然也會相對放下情緒執念。總而言之，**先將盛怒疏通，讓他進入你設定的狀態，後續才有戲唱**。

你問：為何要如此大費周章？太麻煩了。所以我說，**職場是一場孤獨的修煉**，我們必須透過每次歷練，來為自己沉澱一些經驗，讓人格臻至成熟圓滿。如果每段職場關係，一遇到不開心就以翻臉做收、負氣離開，那絕對是把自己做得廉價的表現。

先橋接情緒，就能培養默契

很多時候，作為一個職場工作者，我們常習慣只想著自己，這並不為過，但你可以嘗試**借位思考**，想一下你眼前這個老闆，每個月要發給幾百個員工薪水、照顧這麼多家庭，他壓力巨大，我輩皆平凡人，誰都有情緒。偶爾讓他發洩，而如果此刻你能為他分擔情緒，替他體諒一下，你不會有損失；他也能從你身上獲得情緒支持，你們之間，就能產生不太一樣的化學變化。

情緒有了橋接，就能產生默契。而這樣的默契，能為持續努力工作的你，在日後的表現上獲得更多加乘。**看似你在幫他，實則，你在幫助你自己**。

你可能又會問，我總不可能一直當受氣包吧？當然不，在這過程中，你也在透過工作深厚自己的實力、累積你的談資與價值。記得曾看過好萊塢女星劉玉玲在一個專訪中表示，自己有個「去你的基金」（Fuck You Money），對她而言，所有的事情都是生意，所以她努力賺錢，並把這些錢稱為「去你的基金」。當哪天她再也不想幹眼下工作時，因為口袋滿滿，她便能豪快地決定自己的去留。

是的，在職場中，我建議各位用工作實力為自己累積一筆「去你的基金」，不論是存錢或磨練實力。當真正到了那一天的時候，**你不會是負氣離開，是以一身本領（或至少有積蓄），瀟灑告別**。

說來也神奇，自從與科學家改變相處模式，事情有了不可思議的轉變。我與科學家之間的互動，幾乎不再存在著情緒牴觸的彆扭尷尬，他突然開始善待我。**當**

我將所有的餘裕留給他，他便不再對我任性挑剔，比起過去，我們更可以理性溝通。但劣根性難改，科學家有時還是忍不住奚落我幾句，我就當他在淘氣。

吃遍美食好享受？實為暗潮洶湧的職場角力

之後，科學家讓我進到公司的核心決策圈，另外還有一女性高階主管、行政主廚、中央廚房廠長與另一位行銷同事，固定成員就我們六人，形成一個共識決團體，當然，最後拍板的，仍是科學家說了算。我的工作範圍主要分為兩大塊，一塊主要是負責品牌公關，與協同行銷的工作事務；另一塊，就是跟著科學家，各種瘋狂試菜研發的日子。

試菜，是我人生中非常難忘的時光，跟著科學家工作的這段期間，包含我與所有人，味蕾與食材的鑑別度，都被科學家提升（與善待）到一個高度。在這段工作資歷之前，我對於飲食其實不太講究。前面已經提過無數次，我最喜歡去麥當勞吃便宜的速食套餐；科學家是一個非常大方的老闆，每次只要發現新食材，便會迫不及待地把大家找來試菜，並熱切地與眾人分享心得，他終究是個熱情的漢子。

試菜分成兩種模式：一種是中式連鎖餐飲品牌的試菜，另一則是法餐廳的試菜。所謂試菜，也不是隨意吃吃喝喝的忘年會，這當中具有高度的政治含量。大致上是這樣的，首先，試菜者要能嘗出主要食材原味特性、新鮮與否；然後是口感，再來是整體料理風味，最後是賣相，再依據分量計算出成本；也討論食材利用率與含冰率、訂立售價並評估合理性，最後定出上市時間。

各位可以試想一下：如果嘗一口食物後，輪流發言時，所有人盯著你，你卻說不出任何意見，這可不是一般美食行腳節目胡亂搞笑便能說得過的。你也不能說「我吃不出來有什麼特別」，這種話多講了幾次後，你可能會被剔除在核心圈外了。換句話說，**這場看似享受的美食體驗，表現的既是工作專業，也是職場角力；**對話情境看似溫馨，實而暗潮洶湧。不可不慎。

試菜意見不能直說，那就先用問題困住對方

試菜餐桌上，著實壓力巨大，常令人背脊發涼。同時，輪流發言的過程中也充滿政治情商，**不是你想說什麼就能說什麼，但你也不能什麼都不說。**首先，絕對不能直接批評料理風味，因為行政主廚就在對面看著你；也不能直接批評食材品質，因為央廚廠長（有時是採購人員）也在看著你，總之，如何一團和氣，又能達成自己的意見表述，那真的是門藝術。更關鍵的是，有時候食材是科學家興沖沖去找來獻寶的，你總不好辜負他的一番熱誠，否則人家一定捲起袖子問你：「你現在是怎樣，想吵架嗎？」

我先承認，最剛開始我都是胡謅，當時味蕾貧乏，根本吃不出好壞。有時，我不會一股腦拿到就吃，會**先興致高昂地先詢問一些問題**：食材產地、特色、緣由等等，**被問的人感覺到被重視了，就會滔滔不絕地回答，愉快地打開大家的用餐興致**，也是很重要的。之後，在接受科學家一次又一次的試菜訓練後，我持續觀察與臨摹身邊的人，個個都像藝術家似的，能精準流暢地評論食材特性優劣、風味層次

等。慢慢地，我終於也能好好地評論一番。

「為了之後行銷推廣時，能稍微更吸引到顧客，我想是否有機會能針對料理賣相再多做一些表現呢？想請教行政主廚這部分有沒有實現的可能。然後料理本身，我個人非常喜歡……。」這一連串講下來之後，我只需要再對菜色命名提出一點簡單意見即可。聰明的讀者一定看出來了，我成功表達了一種「過多贅詞的空靈語境」，但所有人都聽得懂。我既提出了建議，卻沒要求誰非做不可，**尤其這委婉的要求是站在個人專業立場，沒損人也沒踐踏別人專業**，最後還不忘稱讚一番。

你也許會說我假，問題是：在這種地方較真，一點意義也沒有。我想表達的是，**政治場合說好不說壞**。在場每個人各有專業，就針對自己的專業領域發表即可，不要搶了別人的話去說。

除了中餐試菜之外，法餐廳試菜也是重頭戲。當日不能吃午餐，要空腹前往法餐廳。法餐從前菜到甜點共有七道左右，常常得從下午試到晚上。試菜前，旁邊會準備一台磅秤，要做食材淨重的秤重記錄，接著再秤總重量，看是否適合男性（或女性）一餐能負擔的分量，還要讓人覺得恰到好處不過飽，整個過程像極了科學實驗。這段人生，是我味蕾的輝煌時光，所有關於法國料理的食材與珍饈，我幾乎都嘗盡了。聽著眼前主廚一道一道介紹，像是為料理戴上一頂又一頂的華美高帽子，秀色可餐。

展現真性情，把曾經的魔障扭轉成晨霧

有時候這些試菜料理實在太好吃了，我會忍不住扭頭對科學家說：「老闆，這個真的很好吃耶，下次可以再吃這道料理嗎？」面對我直接又真誠的表述，他總是一臉訝異或是無措，繼而難為情地點點頭。我想，**他可能沒遇過這麼真性情帶點瘋狂的部屬吧**。畢竟大部分的人，都一味拘謹地想敷衍他，或是虛假地奉承打發，但我看穿了他的本質面，這樣的老闆，**雖然已屆中年，但還是有最本真、最毫無防備的質地**。打破屏障的瞬間，距離又再次拉近。那些過去曾遭受的精神虐待，我終究沒有逃避地直接面對了它，更把它扭轉過來，不再是魔障，反而淡得像是晨霧般，日出一照就散逸。

當年試菜的無數個夜晚，與科學家以及同事們，後來，就像家人聚在餐桌前一樣，談著、吃著，熱絡自在。有時科學家還會帶上幾瓶紅酒佐餐，大家都喝得微醺陶然。我望向窗外，月色迷濛。我淡淡地看著，笑得開心，極為放鬆的科學家，好像感覺沒這麼尖銳，帶點沉靜，可能，他也有些孤獨吧。

孤獨力中級修煉　第二課：

- **第一步：**直接面對每個困境，視情緒為無物，若無其事，是最好方式。
- **第二步：**必要時，在沒有利害關係的場合，展現自己某一面的真性情，蓄意設計一個聽了舒服的話頭，能讓人更理解你。
- **第三步：善用自身的敞開換取對方的敞開，所有事情都會變得有意義。**

學著做品牌，盤整手邊資源、經營媒體關係，學會借力使力

——品牌要怎麼做？坦白說：我也不知道，但做就對了

身在職場，你有沒有自信心？大家讀到這裡，可能不免嗤之以鼻：「你問這什麼小學生問題？」我發現，所有在職場中沒有自信的人，並不是蓄意作繭自縛或畫地自限，而是**他們沒有識清問題的真正癥結，以致無法解構這種情緒，進而擊破，令其不成為障蔽**。於是，無論工作再怎麼換，都只是在畏縮與設限。他們不斷自我懷疑、從未真正相信自己，最終害得自己無法在職場中發揮天賦，也錯失了更多可能性。

我們不妨試想，為什麼你要「沒有自信心」？我想大部分人的自信心，可能是來自於他人大量的肯定，或是對於眼前的未知有了相對十足把握，因而產生的自我激勵情緒。自信心與否，與前文提及的「恐懼」，在積極性的意義並不相同。恐

懼僅是當下的消極心理狀態；**自信心則是一種毫無根據的暗示性情緒**，具有鼓舞效果。自信心越大，你對眼前的新任務或是職場困境，就越有勇氣接受、征服或跨越，這是好的結果。

沒有自信心怎麼辦，直接舉白旗投降？當然不！

好了，以上並不是溫馨的雞湯時間，而是要為讀者再捕捉一個關鍵字：「毫無根據」。自信心的源起，大部分是從客觀條件評估而產生的，更多的是一種**無以名狀的衝動性情緒**，類似透過腎上腺素所催生出的本能。因此，作為一個孤獨的修煉者，我想建議大家，當你必須接受職場中給予的新挑戰，無論你想讓自己看起來很有自信，或是一臉擔憂沒自信，你都得去做。既然如此，何不**直接跳過自我評量自信與否的步驟**，**就保持平靜**、**心性凜然**，**接受它**，**就去做**。如果你還是很沒信心，不妨這樣想想，上頭又不是要你在三天內發明一支能飛上天的火箭，真有這麼困難嗎？

無論是恐懼還是沒有自信心，皆是人們對未知感到無法掌握而產生的負面預期，其實，那都是毫無根據的臆測。**只要開始做了，相信我，所有解方，就會在過程中孕育展開，由你去捕捉，擔心再多，都是多餘**。你所想像的困境，大多數都不存在，況且你都能想到困境了，何不再多想一點，找出如何解決困境的方法，總而言之，老話一句：「做就對了。」

沒有預算的行銷，怎麼做？

品牌經理的工作，絕不是只有吃吃喝喝、陪公子玩耍鬥蟋蟀這麼簡單。還記得前文提及，那位核心決策圈裡的女性高階主管嗎？她才是我在組織體系中真正的直屬主管，暫時稱她為孔雀小姐。印象中，我總記得她身段姿態極美，但一臉嚴肅。在接下這份工作之前，過去我對於品牌與行銷的經驗，都是來自於服務廣告客戶過程中所理解的片面與片段，此番進了這間新公司，我終於窺得全貌。

由科學家創立的這個餐飲集團，已奠定了良好的營運基礎與餐飲品質，但在品牌識別的調性上，始終無法更進一步創新拔高。我觀察：**餐飲業其實是傳產，固定成本高、毛利低**，在到達一定的經濟規模之前，不適合投入太大量的行銷預算做品牌。這就回到雞生蛋蛋生雞的問題：**是要先把品牌做大，還是先保住營收？**這沒有標準答案，但科學家選擇了後者。簡單來說，就是要在沒有投入太多資源的情況下就開始做行銷，然後預期此舉可增加營收。這一役，根本是讓我使出渾身解數並腦洞大開。完全沒有充裕的預算，該怎麼做行銷？這又燃起了我極高的興趣。

孔雀小姐是財務體系出身，在這段工作歷程中，她給了我很好的財務訓練，我學會了如何看帳，從營收與成本數字之間找出問題。當我理解營收狀況後，我開始思考，怎麼透過有效的行銷策略，翹動營收；每一個步驟與細節，都有孔雀小姐非常嚴厲的檢視，每次在呈方案時，我都覺得自己像是小學生在遞考卷。

有些品牌或是行銷的經理人，都習慣一開始便握著大把預算資源揮霍，活動辦得熱絡，外表看似風光，一旦到了需要檢討預算支出與績效之間的連動關係時，往往難以提出合理解釋；或是一沒了預算，就不知道怎麼做行銷。而當我理解公司實際期望時，當下便決定**先能對營收產生實質貢獻，再來談怎麼讓品牌溢價**。用大白話來說，那時的我必須完成兩個目標：科學家想讓品牌更有名，孔雀小姐希望看到營收增長。孤獨如我，毫無奧援，但當年好像也沒有什麼害怕的情緒，就是默默地盤算，開始想辦法。

沒實務經驗又如何？臨陣磨槍，不亮也光

我進一步分析問題，所謂沒有行銷預算，是不對外部媒體端做廣告投放，也就是**不撒錢打廣告**。唯一能花錢的，只有寄給會員的印刷品、簡訊。然後利用料理產品進行活動包裝設計。經成本精算後，確認盈利點以上的折數，再配合折扣搭售或搭贈，最後，就可將整組配套溫馨地推向顧客，目標是衝高並帶動單次消費客單價。客群是累積了十多萬筆的會員資料庫；再者是與外部管道商合作，包含信用卡公司、網路平臺與福委會平臺等。因此，如何刺激會員持續回購，以及打開外部新市場、借力使力，目標就變得很明確。想想也沒這麼難，依循前人足跡，我很快就將這套模式練得滾瓜爛熟，沒實務經驗又如何？臨陣磨槍，不亮也光。

針對會員實施的行銷活動名目，大致上就是週年慶、會員生日禮、會員獨享優惠限定或新品推薦優惠等，發發簡訊、寄寄E-DM。當時我甚至熟練到在做活動設計時，**看到某道料理，就能直接反射思考對應出料理成本，靈活異常**。這些行銷手段都不難，也相當奏效，能顯著提升營收。對於中式餐飲業而言，行銷活動與營業現場有很大的關係，必須透過現場同仁與顧客互動效果才好。偶爾我到現場巡店時，也會藉機會表達謝意，這些第一線的工作人員才是最辛苦的，巴結店長們的這件事情可不能少。

當年行銷預算極少，我們曾做過一系列充滿土味的活動道具，包含喜氣摸彩箱、扭蛋機、超大骰子、轉圓桌射飛鏢，就像在做家庭代工一樣，眾人常常加班參與協助製作。這些道具長年堆在倉庫間，一用再用，破損的部分也一補再補。有時，看到顧客在玩這些破舊的爛道具，還玩得不亦樂乎時，我的心裡都浮現起小小歉疚，真是感謝大家的包容。總之，與現在靈活的網路行銷相比，這些做法似乎都已過時式微。此刻的分享，就給讀者們緬懷一下。

等待營收報表就像開獎，陪著品牌踏實成長

另外，我印象很深刻的是，當時曾與信用卡公司配合行銷活動，談著談著，我靈機一動，因為我方已給出超低的獨家優惠折數給該公司卡友，我進一步要求，是否能以實質的定額現金回頭補貼，沒想到對方答應了。推出非常吸引人的刷卡折扣優惠，不但能拉高客流與營收，刷卡量也跟著提升，根本是完美的雙贏。活動推出後，迴響十分熱烈。嚐到甜頭後，那陣子與各家信用卡公司的合作，我都如法炮製，果然大量帶動客源，活動辦得熱熱鬧鬧，舉辦行銷活動還有錢拿，又能宣傳品牌，真令人意想不到，沒預算有沒預算的做法，倒也行銷得有模有樣。

行銷活動推出後，就要等著評估效果，我稱之為「開獎時刻」，既興奮又忐忑。各家分店會在閉店之後寄出當日營收報表，裡面也包含活動參與組數。每晚睡前，陸續收到各分店報表。我就像是開獎一樣，逐一檢查。**營收好就開心，營收不好就想辦法改善。**對於這樣的狀態，我感覺踏實，感覺到自己在狀況之中，陪著品牌成長，那一年多沒預算照做行銷的歷程，我是踏踏實實地受到訓練了。

借位思考釐清公司需求，把位子坐穩了才有餘裕

那些已離開的品牌經理前人們，常吹噓一堆後，發現沒錢做行銷，就什麼也沒做成，跟科學家吵完架就走人。他們始終沒有識清現實需求，**總是在用自己的想法想事情，與公司悖離，最終沒有交集，漸行漸遠。**我建議大家借位思考，先釐清公司現在需要什麼，你得先想辦法滿足它，無論你握有多少資源，都得盡最大力量，當取得發言權、位子坐穩，接下來才有餘裕，做自己想做且能發揮的事情。

我沒什麼品牌管理經驗，也不知道所謂的品牌與行銷到底應該怎麼做。雖然讀過很多學理，也看過很多品牌或行銷專家口沫橫飛，**但我是打從心裡不相信專家的。**行銷學是社會科學與經驗法則的結合，你不親自去做、用雙手摸過一回，怎可能知道那究竟是怎麼回事？而市場是詭譎的，不可能靠著一招打天下，總得順勢而為、隨時校準。儘管最後我用自己的方法，做出了令企業滿意的效果，我也不覺得自己是專家。

以及，世界上沒有所謂不可能的事，所有的事情都能談，並談出一個新的結

果；就算沒談成，也不會有實質損失。所以，**沒有所謂真正的失敗，只有付出努力之後，成功到什麼程度而已**，常動腦、有付出，就會有收穫。這段品牌經歷上，我自覺沒有太多精彩的突破，但的確是收穫了許多實務經驗，不知不覺中，也為日後進入承億文旅集團的那段職涯，埋下些許伏筆。

孤獨力中級修煉　第三課：

● **第一步：** 省略對自己自信心與否的評量，當明日太陽一升起，就去接受挑戰、就去做。

● **第二步：** **除了發明火箭之外，所有事情都不離社會科學與經驗法則。** 不用害怕自己不懂；不懂就耐心去搞懂，沒有什麼大道理。

● **第三步：** 當你總是平心靜氣地好好完成所有工作或挑戰，就不再役於「有沒有自信心」這樣的問題，你將變得自由而有力量。

◉職場是由大大小小的狀況組成，工作總有被逼到絕境的時候

——當你覺得方法用盡，實際上還有最後一個，那就是耐心地再試一下

你是否也曾被工作中的各種狀況，逼迫至生無可戀過？我並不是要給大家什麼溫情鼓勵，實際上我既沒有方法，也不想用溫馨的心靈雞湯鼓舞各位。作為一個孤獨的修煉者，面對職場上再多的不合理，除了前文提及的「視荒謬為常態」、「表現得若無其事」，最後，再用「無賴的性格」直接面對。我想強調的是，**「去遺緒」（去除遺留的情緒）是職場中很重要的一種能力**，通常你會認為工作窒礙難行，或覺得人際關係與從屬之間，已交惡到無法挽回的地步，那都是因為你不知道如何去改變語境，或不知如何重新調校彼此關係，回到中性的理性狀態，然後慢慢成為積怨，進而不可收拾。

撰寫本書的過程，原本想略過此章節，經深思後，又覺得這個潛技能，對於

行事於職場中，有關鍵的學習必要，最終仍保留。只要能領略此技能，你會發現，所有折磨與糾結，都將不再產生深遠痛苦，而是達到目的的必經途徑。**職場的正道，是理直氣和、待人和善，偶爾美言，但絕不做無謂的逢迎。**在這樣的基礎之下，遇事充滿耐心，適時利用專業，去引導事情往對的方向發展，或往好的方向收尾，一切都將在你的思想裡，不動聲色地運作。

不能太創新，又不能一成不變，那要怎麼做？

還記得之前曾提到的嗎？科學家老闆有事必躬親的特質，小到連一張廣告稿或一個包裝設計都十分講究，必須經過他簽核才能放行；而孔雀小姐則是對於投入與產出之間，追求成本極小化、利潤極大化。就企業管理的大原則下，這兩位的想法都沒錯，但對於事情的認知程度仍有所不同，通常老闆或主管看一件事情，都比我想得更深、更廣，導致我必須窮於追逐他們心中的目標，直到認知一致，到了那時候，也已筋疲力盡。過去那些離開的品牌經理們，似乎都是受不了兩位長官這樣近乎苛刻的態度。而在服務他們的一年多歷程中，我孤獨地反覆思量，**一邊領受、一邊沉澱，慢慢領悟到訣竅**。

還記得當時，中式餐飲每季都會推出會員刊物，內容大致為當季新菜色推薦、品牌新訊與會員優惠等。由於孔雀小姐比較保守，很少願意與外界其他品牌做商務聯名合作，或其他創新行銷活動，所以只局限於內部的品牌訊息傳達。但偏偏餐飲業唯一能變化的，就只有推出新菜色與優惠折扣。痛苦如我，常只能在這樣的限制條件下，讓團隊裡的設計師求新求變。**不能太創新，又不能一成不變**，所以常常會員刊物的設計必須一改再改，改到第八第九第十版都還不夠，有時改到第十版，又會回過頭選第三版。

語落至此，從事品牌行銷或廣告業的讀者也許心有戚戚焉。像這樣的反反覆覆，免不了教人懷疑是不是主管針對性地在為難人，或想法詭譎多變。就我而言，我只簡單覺得，**他們也只是平凡人，拿不定主意而已**。

向上管理的奧義：陪主管走過猶豫，用耐心換取信賴與依賴

對於一個部屬而言，我們唯一能做的，就是耐著心，陪他們走過這段猶豫期。**等到他們自己也毫無頭緒，就是你的機會了**，這就是所謂的「向上管理」。當上頭把提案改到一個令人覺得生無可戀的狀態時，通常我會暗中施力，引導他們選擇一個相對好的方案，做出專業見解與判斷，讓他們認可與理解接受。坦白說，那些堅持或挑剔到最後，他們自己也會陷入迷失，無謂且可笑。**你所需要做的，是帶著他們，繼續把事情完成。**記住，事情能完成最重要，這些過程就耐心地去度過、傾聽對方，讓他完整表達或發洩完，再慢慢帶著他，走至收斂階段。**經過一次又一次，你的耐心，都會轉變成主管對你的信賴與依賴。**

到後期，孔雀小姐漸漸不這麼苛責與挑剔；慢慢地，我能相對決定刊物設計走向，她也不再有過多意見。我不禁懷疑，那些被折磨後而離開的品牌經理前人，或許就是不夠耐心，抱憾沒能看到最後的風景。最終，那些折磨，都淪落成無謂的白白犧牲。

科學家老闆對我的凌遲也從沒少過。猶記當時，向他提案各種設計或行銷方案時，根本都像在參加辯論賽，為了應付他各種刁鑽想法，我完全疲於接招。隨著提案次數增多，我慢慢嘗試理解科學家，他想的真的有點多，有時甚至無理，但出發點都是為了能帶給顧客更好的體驗感受，這一點我感同身受。對於我而言，**我存在的最大理由，就是服務他，協助他將所有怪奇想法實現。**像這樣創辦人色彩濃厚的企業，先不談施展專業本位，而是得先取得老闆認同，過程中付出的代價，都是在磨練心性。

所有的折磨都是鋪墊，耐心能讓你看起來更有底氣

科學家每次無理取鬧、虐待我之後的隔日，雙方仍必須接續討論。那時，他總以為，我會帶著昨日的遺緒前來，讓他有機可乘，藉此拉長戰線，繼續昨日的凌遲。可惜的是，我從沒讓他得逞。當下次再次接觸時，或新局面再起時，我總是會狀似平靜輕鬆，若無其事地與科學家打招呼：「老闆好，根據上次結論，我們有了

新的想法，想再與老闆討論。」**就像什麼事情都沒發生過，只聚焦於工作本身**。這裡的重點是，如果我本身沒有留下昨日的情緒，科學家就無法再繼續施虐。而在來回討論的過程中，我沒忘記適時展現專業實力說服他，一次又一次地，我給了科學家最多的餘裕，更多的是，**我想透過這些磨礪，換取一次寶貴的話事權**。

就算提案往返超過十幾次，過程中，我從沒對他當面生氣過，或表達負面情緒。就是耐著心傾聽，平心靜氣，適時給出想法與建議。有時還必須接受科學家的挑釁或譏笑：「等一下，怎麼都是我在想？我是老闆耶，啊你都不用想喔？」有時，我就平靜地笑笑看著他，如果當下對話語境是相對輕鬆的，我還會貌似誠懇帶些微笑：「對啊，老闆辛苦了。」眼見科學家一愣，我會立刻補上：「沒有啦，這是玩笑話，真要謝謝老闆，讓您多費心，跟著老闆理解，我也學到很多。」當下這句回覆，迅速消解了上司與下屬的對立狀態，氣氛轉為朋友之間的商討。耐心的過程，不只是被動地被折磨與消磨而已，而仍是要**適時切入專業素養與判斷，爭取未來的提案談資**。過程中，科學家偶爾覺得我言之有理，竟開始採納我的意見。建立起互信基礎後，他慢慢地不再事必躬親，我也拿回發揮專業的空間。所有的折磨都是鋪墊、都有價值，但必須有耐心；**耐心能讓你看起來更有底氣，深不可測。**

長期付出的餘裕，終在致命危機中獲得回報

然而，這些耐心給予餘裕的過程，除了能爭取談資，有時也能救你一命。記得那年，我主理的另一個法餐廳品牌，與某頂級信用卡進行行銷合作。經過多次來回商討精算之後，我們給出一個超低折數，打算用短效期間控制。方案出去前，我已反覆與孔雀小姐確認，才把資料寄給信用卡公司。活動起跑後，信用卡公司寄來其中一份印刷品，我看到成品時，全身顫抖不已：**上頭寫成了更低的折數，活動效期更長——我給錯資料了**。現行版本的試算，可能幾乎賠錢賣，但訊息已全部散播出去，也不可能擅自追回更改，這將嚴重影響商譽。當天得知消息時，我毫無心思上班，這就是一個死釘釘的工作失誤。在錢的事情上犯錯，根本踩到孔雀小姐的大忌，我不知如何向她開口。一直軟爛地撐到下班後，見她還在加班，我鼓起勇氣，抱著必死決心，走進她的辦公室。

一坐下來，我如實以報，整個人形容枯槁、面如死灰，這下我根本玩不出什麼花樣，準備受死。當與孔雀小姐描述完所有狀況後，我猜我可能會被嚴厲地懲處，期待年終被打一個很低的考績。但我更氣的是自己怎麼會犯這種低級錯誤？別說是主管了，連我自己都無法原諒，心情異常低落。「我知道了，那就照這樣下去做吧。」孔雀小姐盯著我的眼睛，對我說出這句話。嗯，我認為她可能沒有聽清楚我說的，於是，我又再次複述了這個賠錢方案，並且非常誠心地向她道歉，令公司蒙受可能的損失，我會好好自省。

「我知道，既然已經對顧客承諾了，我們就必須說到做到，**就算公司會賠錢也要做**。」孔雀小姐繼續說：「我知道你工作一直很細心，也很有耐心，這種無心的失誤，就當作是一個教訓，下次細心點。」那一瞬間，我彷彿看到孔雀小姐身後散發出聖母一般的光芒，從未感受過如此祥和，整個人如釋重負。連聲道謝後，就退出她的辦公室，危機解除。

長期以來，**一直以為都是我在給出的餘裕，沒想到在這個時刻，孔雀小姐也寬解地給了我一次，我感受到被無比包容。**我、孔雀小姐、科學家老闆，在這些不斷糾葛的歷程之後，終究形成了良好的互動與互信。我終究靠著自己的努力，扭轉劣勢，將自己推上位，職場生活日益順遂。

然而，最終為什麼還是要離開呢？我仍舊傾聽心裡那個孤獨的召喚，在下一篇的事件之後，選擇走向另一場新的旅途。

孤獨力中級修煉　第四課：

- **第一步：**「去遺緒」的修煉很重要，就忘卻上次的不愉快，每一次見面，都是新的語境、新的開始。
- **第二步：**耐心地，若無其事地面對所有職場所有磨難，那都是必要的過程；長遠來看，這都是職場的鋪墊。
- **第三步：**別被白白折磨，找機會展現專業，最後所有的付出，都會在關鍵時刻，敦實地迴向到你身上。

◉ 求好心切的科學家，還能有多瘋狂？

——「那你就一早搭飛機去香港，晚上帶隻燒鵝回來吧。」

孤獨的人，都有一種本事：面對職場的各種荒謬，也能若無其事。當你觀察職場人性時，多數人習慣從眼前單一印象去累積、堆砌出你對這個人的認識，那都僅是片面，且充滿誤區。你得不動聲色地，從各方面以至於眼下，去理解、並不斷交互應證。包括言語、價值觀、職場行事習慣、個人嗜好與可能的私下接觸狀態等，**用多維角度般掃描，才能相對精確地，描繪歸納出一個人的特質**。而在某個瞬間，你會看到最真實的他。

我想建議大家，**作為一個孤獨的修煉者，要習慣於自我降噪、捐棄成見，給出這個世界最多的餘裕，透徹地用本質面去理解眼前發生的事物**。到了這種境界之後，你眼前有再多至激反應、荒謬行為或誇張動作，都將變得再合理不過。而越荒謬的人，越能見其本性，只因為，他是在做他自己。

故事又回到熱愛做自己的科學家身上，作為我的老闆，他仍持續著各種瘋狂念頭，我也努力地陪著他實現。科學家不太像是商人，他總像是在為了滿足他的某種餐飲理念，而不斷地自我實踐。當所有人因為科學家的各種無理要求而抱怨又哀號時，在那些最瘋狂與最鬧騰的職場畫面中，總有我一個最冷靜孤獨的身影。

後院種蘿蔔、芭蕉南投送，就連日本老舖的蝦餅，我也得弄到手

例如，中餐廳販售的蘿蔔糕，是科學家為了想吃到自己最滿意的蘿蔔，索性與彰化鄉下的田園，簽下產地契作後栽種，長成、採擷後直接送到中央工廠製作。法餐廳的戶外庭院，則有一株架起來的芭蕉串，那是科學家從南投民間鄉與產地蕉農每日採購後直送的。他的想法是，客人吃飽後在庭園散步，可以隨意採摘好吃的芭蕉，感覺是件很美好的事，他的想法任性又浪漫。所以每次接到科學家要前往法餐廳的通報，我們總會焦躁又不動聲色地去為他張羅，提前打電話給負責運送鮮果的先生：「大哥你車開到哪裡了？芭蕉快到了沒？老闆快到了！」當科學家前往法

餐廳時，看到庭園裡的芭蕉串，總是沉靜優雅地懸掛著，他就滿意地笑了。

有次，科學家又突發奇想：想研發鮮蝦類的乾燥零食。他拿著某張日本禮盒宣傳單，一邊開會，一邊蓄意在我鼻尖前晃啊晃。不用他說，我知道得想辦法弄一盒回來讓他試吃。這禮盒可不簡單，並非隨意找間百貨公司就有販售，必須專程到日本百年老舖總店購買，且車程遙遠。

為達目的，我只好想盡辦法，終於聯絡到一位人在日本、彼此不甚相熟，學生時期一起打工過的女同事，多年未聯繫，還好當年處得不錯。電話中的我懇求了她一番，她欣然答應，特地為我搭了一個多小時的電車，前往老舖購買，並且馬上以最速件郵寄回臺灣，我對她連聲道謝。

幾天後，蝦餅禮盒就從宣傳單上，安然地出現在科學家的辦公桌上。他訝異地望著我，我只是輕描淡寫地說：「喔，我託朋友從日本買了。」諸如此類，**大大小小有如丟錢幣進許願池的怪事，不斷在我的工作中發生**。其實，這些要求也從沒讓我真正感到焦頭爛額，我就外表嚴肅，內心輕鬆地，做好服務他的工作——直到這件事情發生之後。

為了試菜火速往返臺中與臺北，我只用了七小時不到

這一天，在中央工廠二樓試完菜後，科學家宣布又要研發新菜色，這次，他想賣燒鵝。最初，我以為就像過去幾次經驗一樣，找找市面上比較知名的幾家品牌，買來試吃評比，關於研發的部分，交給行政主廚去煩惱就好。正在思索臺中有哪幾家知名的燒鵝店時，科學家又再次任性地語出驚人：「我們一定要做出最好吃的燒鵝。」我突然抬頭，茫然呆望著他，不太知道他所謂的最好，是想跟誰比較？但已有種不安的感覺在慢慢醞釀。

果不其然，第一階段從臺中本地名店買來的各家燒鵝擺了滿桌，試吃過後，大家沉默彼此張望，沒有一隻讓他滿意。「往北部與南部去找。」科學家語氣堅定地說。**當下我知道，他又要開始了。**我被分配到北部，另一個採購則被分配前往高雄橋頭買燒鵝，約定隔天晚上七點，每個人必須帶著買到的燒鵝，再次回到中央廚房，進行試菜。像這種尋找食材的事情，為何不是由行政主廚自己去張羅呢？因為他是資深老臣了，一臉老神在在。科學家欺善怕惡，於是這工作自然就落到我這菜

鳥的頭上。

後來，我打聽到臺北某飯店的中餐廳燒鵝似乎很知名，跟科學家溝通後，就決定買這家。隔日中午，我獨自搭著高鐵一路奔赴臺北，走出高鐵站，迎接我的是個雨天。到了飯店，下午是空班休息時間，接近四點半快五點，整個中餐廳不見人影。眼看時間一分一秒流逝，我有點焦慮。直到五點多，服務人員還沒到，廚師們陸續先出現。我覺得時間快不夠了，哀求催促他們幫我盡快打包一份燒鵝，香港廚師一臉微慍不耐，碎嘴著我聽不懂的廣東話。拿到燒鵝，結完帳，我抱著整隻溫熱的燒鵝衝出飯店，雨勢不小，路旁攔下計程車，就往臺北車站狂奔。

高鐵抵達臺中，司機載著我很快再奔往中央廚房，雖然此刻我很想繼續思考人生意義，但沒時間想了。我抱著燒鵝，氣喘吁吁爬上樓梯，抵達二樓中央廚房的研發小廳，只慢了五分鐘，而所有人都已安坐，除了採購之外，我暗自竊喜贏他早一步。科學家眼睛一亮，萬分慎重地，親自接過燒鵝並打開層層包裹，依舊有溫熱的香氣飄出，因為我請餐廳的人多包幾層錫箔紙保溫，但我衣服與頭髮都還有些濕。沒多久，採購也氣喘吁吁地抵達，終於，燒鵝們再次到齊了。

燒鵝？什麼燒鵝？香港鏞記的燒鵝？

科學家原本一臉欣喜，眾人各自嘗完試菜的燒鵝後，又陷入一陣沉默之中。看來是要放棄這道菜了吧？我還以為這場「燒鵝之亂」總算要落幕了，沒想到科學家又開始胡思亂想，頻頻追問大家，還有哪家燒鵝很有名的？就在一陣混亂的討論中，有個聲音說：「老闆，聽說香港有間鏞記燒鵝很不錯，有米其林美食認證。」科學家眼睛一亮，**我感覺到他在血液在沸騰，但不知道抓誰來煮。**（對，我覺得在場每個人都是他眼中的肥鵝。）當下他沒再多說話，只熱烈地招呼大家把燒鵝吃完，感覺心情很輕鬆似的。

隔日下午我忙完工作，剛回到座位上喝口咖啡，遠遠地，就看到科學家的祕書，在她的座位笑咪咪地遠望著我，那笑容實在莫名，看得我不寒而慄。接著，祕書走到我的位子旁：「張經理，老闆說請你下週二去一趟香港鏞記，帶一隻燒鵝回來。」祕書繼續說：「機票我都幫你訂好了喔。老闆說，你就一早出發，一樣，晚上七點帶回來中央廚房。」祕書講完後，笑咪咪地，從我的座位旁離開。

我只覺腦子裡嗡嗡作響，嘴裡無意識地重複：「……什麼？老闆要我飛去香港鏞記？帶燒鵝？然後一樣晚上七點回來央廚試菜？」

祕書怎能講得像是要我去隔壁巷口麵攤，包一碗陽春麵一樣輕鬆？

當日下班之前，「張經理要搭飛機去香港夾帶燒鵝回來」這件事，很快就在辦公室裡傳開，所有人都在議論，我會不會因為偷帶燒鵝而被查獲逮捕；甚至還有財務部的會計姊姊特地來向我道別，祝我一路順風，希望下週三還能看到我來上班。各方持續傳來訕笑，所有人都想看我好戲，但我知道他們不是真正的惡意，其實大家都滿同情我的，誰能料到科學家竟能更上層樓，再出這招整我？

我企圖靜下心來，但越想壓力越大。上網認真查詢了一番，各方眾說紛紜，還真不知道到底能不能帶燒鵝入境，無論如何，這趟我是非去不可了。

很快地，命運的那一天到了，接近中午時分，我已出現在香港威靈頓道，還殘留著早起的一臉倦容，濃厚的睡意揮之不去。我獨自坐在鏞記燒鵝的店門旁路邊，等待開門營業。回想起前一日，科學家還大方地囑咐我：「到香港好好吃一頓，再帶隻燒鵝回來。」我怎麼可能吃得下呢？我唯一想著的是如果來這一趟，花了錢，卻沒把燒鵝成功帶回去，不知道科學家日後又將如何凌遲我。想著想著，鏞記開門營業了，我獨自點了滿桌美味，卻食不知味。離開前，我外帶了一隻燒鵝，時間接近傍晚，準備搭機返臺。

我在車裡狂笑，這工作到底還能有多荒謬？

場景來到機場。**海關疑惑我為何當天出入香港**，我一度緊張，只能推說是出差。後來理解，燒鵝本來就可以從香港帶出境，但問題是臺灣能不能接受入境？（我直覺是不行的呀。）我用手提行李攜帶著燒鵝，只覺得自己像是個私藏毒品闖關的嫌疑犯。在飛機上，滿腦子荒謬的念頭揮之不去，也不知道為什麼一份工作需要做到這種程度。

飛機很快就落地，我快步往海關出口移動。正準備闖關時，忽然出現海關人員，牽著好幾隻米格魯緝毒犬，開始穿梭在旅客腳邊聞聞嗅嗅。我頓時覺得自己面無血色、蒼白至極，彷彿身上真的帶了毒品一樣。忽然，米格魯來到一個婦女腳邊，不停竄動，海關人員圍上前詢問她，婦女驚呼：「我沒有帶違禁品，袋子裡是燒鵝！」沒想到竟然還有其他人跟我一樣！不一會兒，婦女就被帶離出關隊伍，趁亂之際，我混入移動的人群中，成功地將燒鵝帶出關。

最後，這隻得來不易的燒鵝，送到了科學家的口中。我永遠忘不掉他一臉滿足的表情，是因為燒鵝好吃，還是滿意我又完成任務了，至今沒有答案。唯一要提醒大家的是：**根據臺灣法律，燒鵝是禁止攜帶入境的違禁品**，當年（已近八年前）我做了錯誤示範，請讀者們不要學習，謝謝。

那日接近深夜，試菜完開車回家的途中，我終於忍不住在車裡狂笑不已，這份工作到底還能多荒謬？

後來，我學習到，**從不需拒絕職業生涯中各種荒謬要求，但違法的事真的不要做**。荒謬實為一位磨礪你工作能耐的良師，**你不需為其設底線，只求認真地將荒謬進行到底**。無論人生再遇到什麼樣的大風大浪，你的內核中，總有一個最孤獨的你，面無表情，用右膀抵住你的後脊，在耳邊小聲地告訴你：「撐住。」

到最後你能感覺，**這個孤獨的你越是孤獨，你就越有力量。**

孤獨力中級修煉　第五課：

- **第一步**：職場中，我們都要明白，**越變態的荒謬，才越是常態**。因為職場本來就是主觀成分極重的權力關係場域。當現狀無法改變時，只能服膺並先跟著演下去。演著演著，不僅演技精湛，而且演得投入，當長出「同路人的氣味」時，成為團隊要角也就指日可待。
- **第二步**：雖然說荒謬是常態，但過於荒謬的事物，終究是悖離人生常態且不可信仰的。此刻不妨**將荒謬視為無物，或開啟自動導航模式，不去多想**，整件事該有多荒謬，就將它進行到底，直到得出結果並圓滿結束。
- **第三步**：將荒謬進行到底時，我們會在過程中，徹頭徹尾理解一個人的思想脈絡，同時到最後，**你會訓練出「少見多怪，見怪不怪」的本領**，也未嘗不是一種非常規的人生收穫。

◉每次折磨，都會讓你脫胎換骨，只怕你撐不住，就放棄了

——籌備烘焙品牌，又是一場兵荒馬亂的災難

你是否經常孤獨自問：當下所身處的職場，對自身而言，究竟存在著什麼意義？是無比荒唐、不可理喻，但同時又充滿機會？身在職場之間，所謂何來，又將為何而去？面對流動且多變的職場，我常看得興味盎然。我想起母親曾說過的一句俚語：「水清則無魚。」**職場中沒有隱晦與曖昧，終將乏味許多**。正是因為瘋狂與慌亂，其中才真正存在著各種可能，也才令人願意持續探索與追尋。所以我常認為，職場非常值得玩味。

作為一個孤獨的修煉者，面對越難以捉摸的職場，我想建議大家，**任何事都不用過度設想或揣測，僅需坐觀而不亂，因為你毫無根據的自我恐嚇，通常都只是虛妄**。唯一能做的，就是保持孤獨澄澈的心志，當有所選擇權力時，不選擇不要

的，只拿你想要的。進一步來說，就算此刻還不知道自己想要的是什麼，其實也沒有多大關係，**你能做的，就是在當下的狀態中，持續前進**，敦實地做好眼下的每一件事，而所有的機會與可能，都將在過程中變化與產生，所以，千萬別隨隨便便停下腳步。

而在你努力追尋的過程中，伴隨而來的人事物紛擾，也是不會少的。你只要謹記，**自身存在於此的意義與價值，並不是要從與他們周旋纏鬥之中獲得**；再多耳語謠言，都無須理會。漸漸地，這些紛擾的事物，你終能無視或屏蔽；同時，你專注的目標則會越來越清晰。

不是我被折磨，而是折磨被我馴化

前幾個篇章，我一直提醒大家「敞開自己，接受荒謬」。這是因**為荒謬是非常有價值的**。光聽聞還不夠，你一定得經過各種荒謬的親身洗禮，才能參悟職場中每張奇形怪狀的嘴臉實相。簡單來說，荒謬看多了，對於職場那些不可思議或是不合理，不都見怪不怪了嗎？而你又問：為什麼非得接受折磨不可？難道我不能逃開嗎？我們不妨換種思考角度，對於常人而言，折磨是種被動語態，一般人都會說自己「被折磨」。而對我而言，**折磨是種主動語態，我直接面對、接受折磨，然後馴化了折磨**。當我馴化它們，這些都將成為寶貴的經驗，為我人生所用。

為科學家工作了一年多，我的心性持續獲得前所未有的洗練。繼要求我闖關夾帶燒鵝之後，這一次，他又有新的宣布。

「這回我想做烘焙，我們來成立法式甜點與烘焙品牌吧。」科學家這話說得很堅定，但這次可不是這麼簡單推出一個新菜系而已，他是要成立新的餐飲體系，包含打造一個耗費鉅資的烘焙中央工廠。由於這是科學家睽違多年，再次創立全新品牌，他事必躬親的程度，相信一定更是加劇，但對我而言，早已習以為常。毫無新品牌籌備經驗的我，便開始大量閱讀資料、梳理籌備步驟、組織團隊。過程中我發現，科學家根本沒想清楚商業模式，他只是單純想做一個烘焙品牌。就算與他溝通，一再提出品牌策畫方向，以及好幾種商業模式的可能，從沒獲得他的正面回覆。我想，唯一的答案，只存在他心裡，就像過去的每次經驗一樣。

記得當時，光是一個品牌命名，包括中文、英文與品牌含義，我各自都提了上百次，一再提案、一再被推翻，然後又再次提案。常常真正感到無所適從的是，科學家從不對一件事情給出明確表述，所以**每次提案，就淪為是在猜測他的想法，利用試錯與刪去法，來慢慢聚焦與縮小命中範圍**。換句話說，我總是想盡辦法對付他，但這些似乎都已偏離事件本質，只是在把事情解決而已，並非提出專業客觀的決策，我常感到苦惱。

原來事與願違，才是人間常態

所幸，在新烘焙品牌的籌備過程中，團隊加入兩位很有經驗的主廚與營運夥伴，我們三人成為一個籌備小隊，共同度過一段非常瘋狂忙碌的時光。聽到哪裡有厲害的麵包，三人就立刻出發試吃。那年幾乎吃遍全臺灣所有知名與特色的麵包店與甜點店，也大量接觸許多原料商與出色的烘焙與法式甜點主廚，從味蕾鑑別度的提升，到整體烘焙產業的理解，都內化成自身的專業價值。

還記得當年每晚下班後，我們連晚飯也沒吃，就開著車直奔烘焙中央廚房，團隊幾人在主廚身旁跟前跟後的，看著他做甜點，也聽他講解風味，逐一試吃與討論。在嶄新的中央廚房裡，我們對每一個未知的明日高談闊論、充滿希望。當年的我又再次以為，自己會因為推動這個新烘焙品牌，職業生涯再度攀登新高度，所以我努力著，過程中身心俱疲，仍由衷企盼。

後來我們才明白，原來事與願違，才是人間常態。

就在新烘焙品牌接近開業前數月，組織忽然做了些新調整，情況似乎變得有些複雜。簡單來說，科學家聘請了一位新特助。故事說到這裡，較有經驗的讀者，應該知道接下來我想說的是什麼了。這就像是一個好不容易平衡穩定的生態圈內，放進了一個新的物種，這個生態，就開始變得有些失序混亂。

接下來，就是一連串的政治活動。這位特助並非烘焙專業領域，卻開始處處干涉，也一再影響科學家的決策與判斷。我明白，也不埋怨這個特助，他的所有舉措只是為了求生存而已，這是他的生存之道，**他想先透過破壞，再建立自己的秩序，但他終究是一個錯的人。**新品牌的籌備進度，開始緩慢下來，狀況也開始變得混沌未明，所有人都顯得意興闌珊。

也許這位特助的出現，是一種啟示或命運的安排。我緩下了行進在荒謬中的腳步，開始思考，這一年多來的職場人生，我究竟獲得了什麼。多年後我常回想，如果當年我持續與這位特助對弈，**我不見得會敗陣，但就算贏了，又能得到什麼？**我似乎能預見自己，將持續在這樣的無限迴圈裡循環，雖已能獲得工作與專業自主，日子堪稱安逸，同時坐領高薪。憑良心說，只要我不犯大錯，待個五年十年應該是沒問題的。但長期與科學家搏鬥，接受荒謬的折磨，這會是我要的嗎？跟著科學家，我的確學到了許多職場閱歷，但提及專業經歷，我仍感到不足與貧乏。

離開，是因為這裡再也給不出我想看的風景

某日早晨醒來，我發覺自己再也無法陪著科學家繼續瘋狂，我玩不下去了。如今的混亂景況，也是科學家必然要概括承受的，因為這是他的公司，也是他的命運。**我的離開不是敗陣，而是經歷過這段旅程後，終於了然於心；不是撐不住了，**

而是這裡再給不出我想看的風景，我就陪他走到這裡吧。我很少對工作抱怨，頂多只是偶爾嘴碎，但從沒往心裡去。真正能往我心裡去的，通常是到了要做抉擇的時刻。我向孔雀小姐提出離職申請，她大感訝異。我很謝謝她的栽培，讓我真正理解了如何做好營運管理，補足了我在品牌管理之外的另一塊專業需求。離職一事，我沒親口對科學家提出，我也從不認為他會慰留我，**因為我太不典型了，也許他還是喜歡那種老派且唯唯諾諾的部屬吧**。那一小段時日，我踏實地做好交接，日子靜靜地倒數，就像是在等待什麼。

離職下班那日，我簡單將辦公桌收拾乾淨，那一日，科學家不在公司，我想也好，就這樣吧。提著一袋自己的辦公用品，我站在孔雀小姐辦公室門口，與她告別。她抬頭看著我，輕快地連聲再見，沒有多說什麼，彷彿我明日還會出現在這裡一樣，她隨即低下頭，又埋首於整桌的財務報表。站在公司電梯口，我回想起一年多前，科學家在奮力折磨我之後，那晚在電梯前，我若無其事向他告別的情景，**忽然覺得，自己有點好笑，有點無賴。**

那年，我獲得了集團內部「歷任撐得最久的品牌經理」之殊榮，像個辦公室傳奇一樣，還被熱議了幾天。雖然我只待了一年多，卻是當之無愧的第一名。半年多後，我人已在嘉義展開新生活的某日，無意間見到媒體報導，該烘焙品牌已順利開業。新聞畫面中的科學家，笑容滿面、意氣風發。我盯著電視，而那些日子，已被歸類至遙遠的往事。

多年後，從舊識口中聽見老闆的讚賞

幾年後某次回臺中，我與當年的法餐廳主廚約了晚餐。他是位才氣與顏值兼備的主廚，我們建立了非常好的工作交情與默契。那晚，彼此熱烈地聊起往事。他說：「科學家在近期某次月會中，對著現職的品牌經理與團隊說，你們做的這些，都不及以前有一個叫做張力中的品牌經理，有時間應該找他以前的東西出來學習一下，他是做得最好的。」這是首次，也是唯一一次，我聽見科學家稱讚我，而且還是在我離職數年之後。當下我只覺得意外，卻又覺得終於被明白，但也不重要了。

多年來，偶爾想起往事，我仍然很感謝科學家老闆與孔雀小姐，給了我人生一段不尋常又精彩的職場際遇。而那些被我馴化的各種荒謬與折磨，都成為了寶貴的經驗，陪我在路上，孤獨前行。

孤獨力中級修煉　第六課：

- **第一步：**水清則無魚，不對職場做天真的無謂妄想，**職場就是一池髒汙，能淘出什麼金，端看你心多穩，眼睛多利。**
- **第二步：**職場中每個人，都在用自己的方式生存，沒有絕對的優異、卑鄙或醜陋。想定自己該用什麼姿態生存，比較重要。
- **第三步：**取得主場優勢，待下來，或是離開，都只由得你，由不得他人替你決定，**你終究得先透過長期深刻的付出，拿到自主選擇權。**要不獲得經歷；要不獲得閱歷。

PART 3

職場的裂變：腦洞大開的修羅場，半人不成佛

——了解孤獨就不寂寞，上天堂或下地獄掌握在自己手中

記得那個早晨，像某個日常，我主動走進戴先生的辦公室。簡單表明辭意之後，彼此都像了然於心，他也一貫地輕鬆自若，近乎客套般稍微簡單挽留了我。這是我最熟悉的他，始終充滿自信、強大的意志與野心，這可能也是我願意為他服務近兩千個日子的最大原因。

◉轉職降薪，七天後報到，到職日當天，才發現竟然沒有我的位子
——現代孟嘗君廣邀天下有志之士，我也是其中之一

「人生要成功，有三次重要的轉捩點：出生投胎到一個富豪人家、娶一個或嫁一個身價非凡的伴侶、最後，則是遇到一個好老闆。」這句話，承億文旅集團董事長戴俊郎（在這本書裡，我給他的代號是成吉思汗）常掛在嘴邊。

職場中的每次選擇，在相對理性的評估之外，有時，也始於一個瘋狂念頭，然後，它會如蝴蝶效應般，振翅席捲你往後的人生發展。但此刻你的選擇，並非一時衝動，而是長年在職場中累積的軌跡，然後走向被命運遙指的下個歸屬。我們都不好說，做出的選擇到底是對還是錯；誠如前文提過的，**做一個選擇並不難，難的是你如何將這個選擇，變成一個有利於你的結果。**

換句話說，一場牌局中，一開始拿到一副爛牌不打緊，最後如何將之打成一

副好牌，才是這件事真正的意義。作為一個孤獨的修煉者，這就是選擇孤獨之後，我們希望獲得的終極價值。若非如此，一切毫無意義。

二〇一七年六月，夏日正盛，我坐在戴俊郎先生的辦公室裡，靜靜望著他。他如常地扯大嗓講電話，一貫的躁性與忙碌。窗外豔陽高照，室內充滿舒服涼意。我端詳著戴先生辦公室裡的藝術品，還有畫架上那幅久未完成的素描，進度始終停留在輪廓勾勒上。

往常每次在小桌前開會，戴先生會慢條斯理地先泡茶，再儀式感地為與會者逐一斟上。每次從戴先生手中接過茶，我都有些不好意思，畢竟讓老闆泡茶給你喝，多年來從沒習慣過。等戴先生手上動作落定後，我做了一個深呼吸：「戴董，我要離開了。」他蹙著眉，臉上浮現有點複雜又意味不明的微笑。

是的，陪大家走過六個年頭，我終於要告別了。剛才脫口而出的話，如此強烈地感到不真實，接下來的談話好像也沒辦法繼續了。戴先生只對著我問了一句：「Kris（我的英文名字），你為什麼要走啊？」

「希望你的創意像乳溝，一擠就有。」

時間回到六年前。

二〇一二年七月，我加入承億文旅集團。故事的開始，始於人力銀行上招募訊息上的兩段話：「希望你的創意像乳溝一樣，一擠就有。」、「性別、學歷、年齡、經歷不拘。」我好奇，這到底是一間多不正經的公司？老闆到底是什麼樣的人？然後，就投遞了履歷。

當年應募的職位，是籌備中的臺中新館（後來的「台中鳥日子」）行銷企畫主管。接獲面試通知時，我有點意外。投遞時原本只抱著好奇胡鬧的心情，忽然有點後悔，自己幹嘛這麼無聊。面試地點在嘉義，承億建設的總公司所在。當年的我三十二歲，到過嘉義的次數，五隻手指頭數得出來。在此之前，嘉義在我人生中，存在感相當稀薄。提起此地，我也只能粗淺地回答：「嘉義？雞肉飯很有名呀。」但實際上，我根本無法分辨道地嘉義雞肉飯的口味為何。沒想到後來竟在此待了近六年，也真切地改變我的人生。

面試一早，我開著車，帶著履歷與作品來到嘉義。當年的承億還只是一家建設公司，建築外觀氣派，鮮明地座落在嘉義啟明路前。眼前是垂垂如蔭的阿勃勒，黃燦燦地盛放。櫃檯小姐領著我搭上透明電梯，來到戴先生的六樓辦公室。

還沒坐定，我先被大片落地窗外，嘉義高中操場的景色吸引。戴先生招呼我就坐，眼前的他穿著黑色T恤、短褲，戴著一副黑色粗框眼鏡。桌上的煙灰缸內，斜擺著一支煙斗。戴先生遞給我一張銀色的名片，我則遞上履歷與資料，面試就這樣開始了。

我永遠記得，戴先生的第一句問話。他盯著我腕上的手錶，問道：「你這手錶什麼牌子？金光閃閃的。」這算什麼問題？我覺得這個老闆有點古怪有趣。我於是有點調皮地回嘴：「喔，您手上的錶，可以抵得過我好幾百隻。」可不是？他手上戴的可是要價五十幾萬元的ＩＷＣ萬國錶。

他笑得一臉得意，我持續在心裡嘀咕：這到底是什麼面試？

到嘉義上班、薪資打八折……我該接下這份工作嗎？

戴先生桌上的電話突然響起，面試暫時中斷。我安靜地體驗當下的氛圍、溫度與氣味。眼前這個講電話的人，會是我未來的老闆嗎？這裡會有我未來的身影嗎？窗外嘉義高中操場上的椰子樹高聳搖曳，高中生在赭紅色操場跑道上嬉鬧奔跑。戴先生掛上電話後，面試終於進入最後階段，他說明了公司現狀與未來的發展願景，但過程中，我一直沒具體聽見我的職務內容。戴先生只說，未來的承億文旅會成為連鎖旅店集團，五年開出十間，將各自擁有獨特的臺灣在地化特色。

聽到這裡，我只問了他一句：「以差異化為主題的連鎖特色旅店，可曾想過，後期該如何做好標準化管理？」戴先生可能沒想到會被面試者反問，愣了一下。他想了想後，沒回答我問題，只說：「你什麼時候可以來上班？」我還來不及回應，他便繼續補述：「上班地點不在臺中，而是我們嘉義總公司。」

「來嘉義上班？意思是要搬來嘉義住嗎？」我心想。戴先生繼續追問：「你期望薪資是多少？」我如實地說出前個工作的薪水，戴先生沉默半晌：「嘉義可能沒辦法給到這麼高喔。」接著，**他給出了一個價碼，大約是我期望薪資的八折。**

由於我並沒有打算到嘉義工作，後續很快地結束了面試，言談中已有婉拒的意味，總感覺這家公司沒辦法託付。

「反正你先來再說啦。」

面試一週後，我再次接到承億來電，是祕書打來的。戴先生希望再次約我談談，並請我準備一份有關臺中新館的品牌定位與企畫的提案。其實那天我剛訂好前往日本旅遊的機票，距離出發還有大約一週的時間。我心想，**反正閒著也是閒著，便答應了這個無酬的任務委託，並煞有其事地完成了一份完整的品牌概念策畫。**寄出之後，我開始打包行李等待出遊。沒想到很快地，戴先生有了回覆，邀我進行二次面談。於是，就在前往日本旅遊的前兩天，我再次趕赴嘉義承億總公司。

雙方一見面，什麼都還來不及談，戴先生一開口便要求……**不，根本是「強迫」我到嘉義工作**。我進一步詢問職位與工作內容為何，他只告訴我：「反正你先來再說啦。」然後補充說明，公司會替我安排租屋，解決住宿問題。**總之，下週立刻報到。**

不知為何，就像著了魔一般，我竟答應了一個薪水變少、甚至不知道上班後要做什麼的工作，地點還是在濁水溪以南的嘉義。這完全打破我向來職涯規畫的理性邏輯。**隱約覺得，自己對於職場的荒謬認知，堂堂來到了一個全新高度。**

協調不出自己座位的行銷協理

最後我把去日本的機票給退了，趕在到職前一天，載滿了整車的行李前往嘉義，並住進承億旗下的嘉義商旅。入住當晚是個颱風天，外頭風雨交加，躺在飯店床上，我對於自己這般倉促地在嘉義展開新生活，感到有些惶然。這次不光是工作而已，我幾乎把整個人都搬過來了，但似乎也沒有後悔的餘地。

颱風後隔日，我依約報到，來到三樓辦公室，眼前的畫面教人難以置信，整間狹小的辦公室擠滿了人，全都是戴先生找來的——還以為自己的際遇多特別，原來，我也不過是孟嘗君的眾多門客之一罷了。當年入職，我雖被任命為「協理」，卻連自己的座位都協調不出來，只能坐在靠近自動門旁邊的會議桌，不時有人從我背後出入。坦白說，心中不斷浮現上了賊船的落難感。

枯坐幾日，仍舊沒人與我說明接下來的工作內容為何。私下向同事打聽，原來我當初應徵的行銷企畫主管一職，該位子已經有人坐了。這下我真不知道，自己在這裡要做什麼了。

喝酒喝到斷片，竟是老闆的人品測試

週末到了，戴先生邀我到家裡吃飯，這是我工作多年來，第一次到老闆家吃飯。當日受邀的還有另一位同樣新入職的營運同事。我倆只覺受寵若驚，更何況還是由老闆娘親自下廚招待。起初大夥只是吃吃喝喝、隨意聊天，後來劇情急轉直下，戴先生開始追酒，沒多久，桌上已滿是空酒瓶。那天我實在喝得有點醉，開始不由自主地說起日語。這裡要說明一下，當我喝醉時，腦中的解離感很重，明知自己說的是其他人聽不懂的日語，但腦中就像有台即時口譯機一般，任何想說的話，都會不受控制地轉為日語。此舉逗得戴先生哈哈大笑，往後那幾年的應酬時光，**只要我開始說日語，大家就知道我喝醉了。**

後來，另一位同事也被灌醉。我們各自被人架著，搭著電梯，來到戴先生家樓上的客房。被甩上床後，我就斷片了。直到隔日早晨，酒精帶來的強烈宿醉感痛醒了我，像是被人拿著滅火器重擊腦門般頭痛欲裂。我忍著醉意，飛也似地逃回這幾天一直入住的嘉義商旅。躺回飯店床上時，仍覺天旋地轉。我好想回臺中，好想現在就奪門而逃。

事後我才知道，這並不是什麼單純的飯局，我已通過了第一次考驗。戴先生有個習慣，**每逢新幹部入職，他都會用追酒來測試人品，酒後方能見本性。**（如果他讀到我這段回憶錄，一定又會得意地笑出來吧？）當年的承億，除了這間營運剛滿一年的嘉義商旅外，還有甫開業的「淡水吹風」，還未形成品牌體系。誰都想不到，五年後，承億竟會發展成全臺最知名的文創設計旅店集團。而在那個既混亂又不明確的草創時期，我只能憑藉直覺、挺直肉身，全心全意地向前迎接。

孤獨力高級修煉　第一課：

- **第一步：**職場就像一場牌局，我們都不知道，拿到的會是好牌或爛牌。重要的是，你願不願意走向牌桌，坐上你的位子，坐熱、做熟，認真地賭上一把。
- **第二步：**接著，你會發現，**有時你認為的非理性選擇，其實是人生再理性不過的指引。**儘管出乎預料，但不必困惑、無須懷疑，坦然接受便是。
- **第三步：**沒拿到一副好牌也無妨，就用自己的方式，將牌局繼續下去，直到牌桌上所有人都下桌，最後笑著的人，一定是你。

上班第七天，就跟著老闆全家人一同旅遊

——對新職務一竅不通也無妨，就從打開五感用心觀察做起

思索著這些年，職場身分的歷練與轉換，我覺察自己幾乎不與別人討論自身的職業生涯規畫，更不曾隨便抓著人討意見，**總是獨自咀嚼，默默消化**。頂多偶爾翻翻職場專家所寫的分析，認同一些；不認同一些。

也許是孤獨，我變得越來越理解自己。**我從不覺得：他人會比我更了解自己**；我也不願讓自己成為那個依附於他人生活中，總是疲於各方應付，且隨時會被掰碎的存在。**我不偏執，但我忠於更完整的自己**。作為一個孤獨的修煉者，夠孤獨，意志才得以夠強大。

通過老闆的人品測試後，工作定位總算暫時落定。我被攬進總經理辦公室，任命為**開發協理**。主要業務為協助戴先生進行土地或建物的前期開發。工作內容包羅萬象，包括土地或地籍圖謄本申請、土地分區標示、取得空照圖、街道圖、平面

配置設計圖、確認建蔽率與容積率、是否位於特殊計畫區、並向建築師確認可建容積等。資料備齊後，我再陪著戴先生前往現場，回頭再做市場調查分析報告，決定是否拿下這個項目。但這個任命背後，真正的問題癥結是，開發協理該怎麼做？我根本對土地開發一竅不通，也與我過去的品牌行銷專業毫無相關，到底要從哪裡開始呢？

我感覺戴先生替我安排這個職位時，心裡想的是：「我覺得你好像有點用，但具體來說多有用，現在還不知道，不然你就暫時先做這個吧。」都到這個時候了，多想也無用，**戴先生都敢給我機會嘗試了，我也沒什麼好不敢的。**

透過與家族互動認識新老闆，這是多難得的機會

正式上班後的第七天，我被告知，要與戴先生全家人一同前往臺東家族旅遊，順道陪他去看臺東池上的一塊土地。我腦中一直納悶：這到底是什麼怪工作，都還沒真正進到上班狀態，竟然就先到處吃喝玩樂？話雖如此，首次陪新老闆出

門，相關資料還是得盡可能地備妥，同時心中不免忐忑。當日我與戴先生、財務長及建築師同車，一同前往臺東。開了數小時的車，抵達臺東池上時，我站在那塊土地前，映入眼簾的是一大片稻田，溫暖的日光，灑向中央山脈的稜線，美得不像在人間。戴先生與建築師討論著，我就在一旁傾聽記錄，嘗試著在他們飛快的對話中，捕捉開發與建築的專業知識細節。

過程中，我的心思一直無法鬆懈，不安感不斷浮現。我持續觀察所有人的互動，**透過戴先生與家人、孩子們的對話，一點一滴加速累積出他的人物設定。**在職場中，能以老闆與家人間的相處方式，認識並理解其人格，是很珍貴的經驗，也由於採樣數眾多且異質性高，更有助我做出相對客觀且真實的評斷。

一早退房後立刻去泛舟？超厭世的啦

項目開發勘查在當天傍晚前就結束了，晚間，眾人到一間海鮮餐廳吃飯。戴先生家人們對於我的陪同，都感到有些稀奇有趣，一個到職不到一週的新人，竟然跟著老闆全家一起歡度家族旅遊？所幸，大家都對我相當友善，把我夾在圓桌裡同桌吃飯。

席間大夥對話熱烈，我關注著戴先生的餐飲習慣，食量不大，嗜吃蔬菜、水果與各種海鮮，對香檳氣泡酒有特殊偏好，只抽雪茄不抽菸；清燙花枝的沾醬，必須是白色沙拉醬混入些許檸檬汁……我逐一暗自記錄。

晚間被安排入住民宿，我與當時一位較年長的男性財務長睡同一間房。一進門，發現只有一張大床，他沉著臉，立刻扭頭跟我說：「你睡地上。」我當場愣住，只覺得他的直接有點好笑，也沒爭論，平靜地請民宿管家替我在地上多鋪一張床。當晚睡得有些不好，但也不覺要緊。

隔天一早退房後在大廳集合，大夥興奮熱議，原來要去泛舟。聞言後，我實在笑不太出來，除了原本就不喜歡激烈的戶外運動之外，明明應該是上班時間卻在玩樂，實在有違我個人的職場價值觀。然而，就算腦中再怎麼抗拒，現實中的我已換好潛水裝，踏上溯溪的路程。泛舟活動分成幾個遊程，我懷著厭世的心情，逐一配合玩樂，直到「河面漂浮」這個項目，邂逅了一位特別的女性。

教練引導著所有人，在無重力狀態，從上游一路滑到下游，在河面上載浮載沉，時快時慢的湍急過程中，獲得刺激與樂趣。過程中，忽然一位女性漂來我身旁，帶著些許掙扎，**原本一臉厭世的我，忽然警醒了過來，輕輕地扶了她一把**。當她鎮靜緩下來之後，我也沒多話，逕自繼續厭世地在河面上漂浮。實際上，在我後續承億文旅的職涯裡，這位女士可說是不可或缺的存在，在當時諸多狀況中，她發揮了極具關鍵的影響，也大大地改變了我的人生觀。

開車歸途遇颱風，駕駛車窗濺滿泥水……該不會要死在這裡吧？

泛舟結束後，已接近傍晚。戴家的旅行將繼續移動至下個行程，而戴先生與我們幾個同事則開車往南走，準備返回嘉義。當車子開到屏東林邊時，突然下起了傾盆大雨。隨著雨勢變大，路面漫起滾滾泥水，高度漸高。我們的車持續往高速公路交流道的路上駕駛，天色全黑，大雨滂沱。打開車內的收音機，才知道是颱風，從南方直撲而來。

前方黃滾滾的泥水越來越湍急，雨刷擺動的速度，已趕不上大雨砸下的速度。許多車子閃著黃燈，陸續停靠在路邊；甚至有些底盤較低的車子，積水已漫過底盤高度，就地拋錨。前面的路看來是無法行駛了，眼見其他車輛紛紛轉向，負責開車的財務長也準備調頭，但上交流道的路牌指標已在前方。

這時，坐在副駕駛座的戴先生忽然大吼：「不要停、不能停！繼續前進！油門踩下去，A過去！A過去！」當年那輛車是BMW大七系列，性格保守的財務長被戴先生這麼一吼，驚醒似地奮力踩下油門，車子瘋狂加速，更多泥水不斷飛濺到擋風玻璃，視線模糊到幾乎看不到前頭。當時身在昏暗車廂裡的我，忽然害怕起來：我該不會要死在這裡了吧？

敢於做出不同於常人的決定，終得絕處逢生

我們的車子就這樣幾近瘋狂地盲駛，後來從高架橋上看見的那一幕，我永遠不會忘記。當車子離開平面道路，順利駛上交流道，先前的混亂嘈雜，瞬間靜滅。

眼前是一片坦途，平靜無聲。雨絲如針尖般，從黑暗的天空盡頭，穿越盞盞路燈細細落下。我回頭往下探，高架橋下那些閃著黃燈的車子，依舊並排在路邊；持續有車打著方向燈調頭，路上交通歪七扭八混亂成一團。而我們卻已甩開所有人，順利地駛上歸途。沿途一部車都沒有，只管安靜地疾駛飛馳。

我從後座望向副駕駛座戴先生的側臉，他冷靜得像是什麼事都沒發生，偶爾玩玩手機，不時望向車窗外頭。**究竟是什麼樣的性格，讓他敢做出不同於常人的決定，終得絕處逢生？**「Kris，你有沒有覺得很荒謬？來新工作才一個禮拜，就跟老闆全家出來旅遊，回程又遇上這麼恐怖的天氣？」邊說邊笑的這位女性，就是白天被我「搭救」的承億文旅總經理戴女士。「嗯，好像有一點喔。」被他這麼一逗，我也笑了出來，同時回答：「我其實有點害怕。」戴女士爽朗地大笑道：「我們這群人大難不死，以後必定能幹一番大事。」

在漆黑的車廂裡，我望著他們，好像意識到些什麼可能性。**我決定告別過去，用一個清空後的自己，毫無框架、不帶包袱地，重新把自身填滿。**但我知道這是一個恐怖的決定，因為戴先生不是一個簡單的老闆——我決定賭一次。

孤獨力高級修煉　第二課：

- **第一步：**當職場歷練到了一個程度，工作專業已是必要條件之外。這個階段最重要的，是心境的提升與移轉；你得傾聽老闆，與之產生如家人般的歸屬感、理解彼此心意，然後，也把這間公司當成自己開的。
- **第二步：**當面對一個毫無設限、最多敞開、給出最多可能性的老闆，作為一個職業經理人，我們唯一能做的，就是自我鞭策，**並使出渾身解數，想辦法幫助企業更成功，用以回報老闆這難能可貴的放手信任。**
- **第三步：**當你完成上述兩個步驟時，便要知道，你已不是做一份單純領薪水的工作了，必須完全拋棄本位思想，撕裂自己、一再擊破原本的自我，直到新的自己重新建立，凌駕於更高的高度之上。

◉五加二，白加黑，身心如撕裂般急遽地成長

——待在成吉思汗身邊，使我領悟：人生沒有均衡，只有取捨

為了達成人生目標，你願意犧牲自己多少？職場專家常誤導我們，人生要均衡，不要因為工作，而捨棄自己的生活或興趣。我要反駁，**很遺憾，那是不可能的，沒有人能全拿**。你必須幾近偏食地選擇其中一項，人生結構或走向，才能走出某種深刻的樣子。例如，很會生活、很會談戀愛、或者工作很有成就。**所謂均衡的人生並不存在，永遠都只有取捨**；先活出某種樣子，其他的再各自揀回一點，試圖讓人生看起來不這麼殘缺或遺憾。這話聽起來有些悲觀，卻極為真實。

作為一個在職場孤獨的修煉者，平凡如我輩，沒有豐厚的家庭背景支持，孤身一人，我們注定必須選擇全心投入工作，期許透過不斷努力，以獲得生活品質提升的回報，未來才有以為繼。當你很清楚地意識到這點，思緒就不再搖擺或遲疑，一心一意，直到看見心裡想看到的那幅風景。

上下班不用打卡，是因為根本沒有表定時間

當年跟著戴先生做開發，我每天的生活，幾乎都在捱罵中度過。戴先生性格有點急，這是白手起家的企業家都有的特質，我努力讓自己跟上，但總是追趕得十分辛苦。回想當時，幾乎每天都有新進的開發項目需要評估，全臺灣從北到南，後期甚至還有海外項目，有時還得好幾個案子同時處理。

前文提過，土地與項目開發對我而言，是一個全新領域，我總試圖讓每份報告面面俱到，但每次向戴先生呈報，常常三個問題答不出來，就是一陣如狂潮般的責罵。這些，都成了我當時極大的夢魘與壓力。但我從沒放棄，只是更竭力思考，到底是哪個環節出了問題？儘管想盡了辦法克服，卻常力有未逮，在身心疲憊的情況之下，一天度過一天。

我在承億文旅任職近六年，上下班從不打卡，因為根本沒有表定時間，這同時也意味著，這份工作並沒有平日或假日之分，放假時偶爾也必須陪同戴先生到外縣市去看項目。既要跑外勤又要做方案，我常常得硬擠出時間來完成。當年通常是

白天在外面忙了一天，傍晚下班後，胡亂在路邊吃碗雞肉飯配湯，回住處洗完澡後，再返回公司三樓加班。我走進空無一人的辦公室，打開室內燈、開啟電腦，好像今天才剛開始上班。做到一個進度之後（通常已是凌晨），才再度離開，但沒睡幾個小時天就亮了，爬起身子、簡單梳洗後，我再次走進辦公室……這就是當時的承億日常。**從星期一工作到星期五，另加六、日兩天；不分白天與黑夜，我都拚了命在工作。**

身心俱疲之下，竟向老闆嗆聲說要跳樓

有段時間，**我的身心狀況非常差，自己卻渾然不覺**。有次週末，戴先生詢問我某份方案是否完成，他晚點進辦公室了解狀況。我只好如常地於假日進辦公室加班，列印出方案後，我搭著電梯來到六樓找戴先生。那片大落地窗外依舊陽光耀眼，嘉義高中操場上充斥著學生的嬉鬧，我的神智有些恍惚。

戴先生站在窗邊，我將方案遞到桌上，他走回座位翻了幾頁後，如我預期

般，他的音量開始變大。聽著聽著，我只覺得身邊的空氣越來越稀薄，然後變得真空，我漸漸聽不到聲音了。我望向那扇仍開著透風的窗，不知為何，竟茫然地脫口而出：「你不要再罵了喔，再罵我會跳下去喔。」戴先生停頓了一下，那一瞬間，整個世界安靜了。

他望著我，我望著他，**但那氣氛並不是尷尬，而是彼此望穿了真實的對方**。當回過神之後，我其實也沒什麼情緒，只是淡淡地說：「好的，我回去修改一下，再給您過目。」戴先生說：「你先回去休息，你太累了。」我沒有回應他，就搭著電梯回到三樓辦公室。

坐回位子上，我痛苦深思，是他標準太高，還是我太蠢了？如果我現在就放棄了，那這段痛苦的日子，不都白白被罵了？我越想越不爽，同時也燃起了莫名的鬥志。事情不應該是這樣發展的。後來我才明白，**真正的職場關係，並非相敬如賓，毫無沾染，那並不會留下痕跡；是要在歷經過各種爭執、衝突、磨練；最後還能留下並累積感情與默契，有所昇華**，那才是在職場關係中醞釀出來的醍醐。我與承億文旅之間的互動，後輩對這種狀態作了生動詮釋：**相愛相殺**。當我全心投入，儘管過程中不斷遭受傷害，卻從未止步，我只想看到一切有所改變的那一天；就是不想因為沒盡全力，而輕易辜負了這段職場裡的所有人。

事件發生之後，誠如讀者熟知的我，隔日後又是一派若無其事，日子與工作仍繼續前進。我與戴先生的職場互動關係，竟也慢慢有了改變，可能原本是四十分，進步到五十分這樣的程度。事後回想，**也許不是我工作能力進步了，而是戴先生終於願意手下留情，單純想放我一馬。**

為爭上位，每天都像無差別格鬥的自由搏擊

人生中的追尋，我選擇透過工作來實現，沒想到那段日子，竟會如此混亂。外表看來風平浪靜，卻已到達界限。混和了撕裂、痛苦、刺激與未知，有如一杯杯苦酒，日日一飲再飲。當年，隨著承億文旅的擴張，公司大量招募一批高階經理人，來自四面八方，牛鬼蛇神都有，他們都是戴先生憑著靈感與直覺篩選出來的，這當中有理性者，也有非理性者。而暗湧、搏鬥與淘汰，都在日常中持續展開。每

一天，都像是無差別格鬥般的自由搏擊。但我深知，這樣的險惡場域，並不是蓄意被製造出來的，而是一個正在起步發展中企業的必然現象，**每個人都使出渾身解數生存並博取上位，周圍充斥各種耳語與小道消息，混亂卻充滿生機，只能各憑本事**，而我也身在其中。

當年各部門的人陸續被招募進來，但組織架構還沒明確形成，每個人都是摸著石頭過河。我除了是戴先生的開發幕僚之外，也持續參與公司各項事務推進，所有事情瞬息萬變，每天都有新的決策生成。簡單來說，**當時的承億處於壯大的陣痛期，一方面要建立體制，一方面又要擴張、持續優化團隊。**

這一天，我忽然被叫到戴先生辦公室，還以為做錯事又要捱罵了。才一坐定，戴先生盯著我：「行銷企畫部的主管離職了，這位子你去頂，可以吧？」我一時還沒回過神來，只能愣愣地盯著他沒答腔。戴先生一心急，又問：「啊你一直看著我是怎樣啦，可不可以接？」我問：「那開發的事情怎麼辦？」戴先生說：「啊你就兼著做啊，可以吧？」在場幾位核心成員直盯著我，我只好點點頭。

沒多久人事命令就發布了，在半推半就之下，我成為開發協理兼任行銷長，當下並沒有掌握到權力的那種快感，**更多的是不安，感覺如履薄冰**。

空降管理行銷團隊，我只得小心再小心

當時，行銷企畫團隊原本全在新開幕的「淡水吹風」分館上班。戴先生一聲令下，除了離職的行銷主管之外，團隊成員包含平面設計師與企畫等人，全被召回嘉義，由我管理。對於空降主管這個職位，我小心翼翼，盡量不讓原團隊成員感到緊張不安。**試著理解每個人、重新調整工作節奏，開始帶領團隊，同時一方面繼續做著土地與項目開發**。

密集緊繃了幾個月後，團隊逐漸穩定下來。隨著公司擴張，舊辦公室已塞不下這麼多人，於是公司又在附近租了一層民宅，充作行銷企畫部門辦公室。如此一來，我只好總公司、企畫部兩頭跑。雖然日子變得更加忙碌，但隨著軍心漸定，我也多了些餘裕，好思考承億文旅品牌定位與發展。

企畫團隊內幾乎都是年輕的文青小女生，對文創充滿熱情，也熱愛美學與設

計。有時待在部門辦公室，聽著她們充滿粉紅色泡泡的嬉鬧對話，或是看看她們做的插畫稿件，生活好像變得有些意思。

此時的承億文旅，在品牌與行銷活動上皆未成氣候，仍像在打游擊戰一般，缺乏系統性思考。對於未來要如何成為一個全國品牌、怎麼把體系架構起來，同時不失創新思維，我開始有些新的想法。

然而，正當我滿懷著雄心壯志，準備一展長才時，又新又恐怖的打擊，竟再次到來。這次的挫敗，侵噬了我長久以來對職場所有的熱情與信念。**當年的我，從不知道一份工作，能帶給人如此極端的挫敗感。**任憑我再孤獨、對自己再有信心，都像是臨淵而立，求助無援。

孤獨力高級修煉　第三課：

- **第一步**：人生就一場孤獨的選擇，無從逃避。身邊任何人的溫情，都只是一時的安慰劑，聽聽就好。別害怕讓工作成為生活的全部，暫時逃避後，終究還是得回到現實，仍然必須由自己扛起一切，有所作為。要不你自己的人生，誰來幫你過？
- **第二步**：當來自職場的壓力，令你身心撕裂，不妨當作孩子長成的必經歷程，那是你轉變的契機。別只顧著感受痛苦，一點一滴全都體認。**痛苦的責難，當下就讓它濾過肉體而去，別留到隔日。每次，只留下營養的砌上身體。**
- **第三步**：無論意志被摧毀過幾次，只要肉體還安好，你就有再戰的本錢。老話一句，今晚過了，仍是以若無其事，作為明日一天的開始。

我是主管，卻痛苦地被下屬選擇，分手擂臺真實版（上篇）

——就算箭在身上也別急著拔，就讓自己流著血，靜靜逼視

職場中，當你遭逢惡意對待或攻訐時，心裡都在想什麼？想著怎麼報復？怎麼好好與對方懇談？或趕緊翻閱那些職場專家的危機應對教戰手冊？我的主張是，以上所述統統都不用。

首先，作為一個孤獨的修煉者，我建議大家，**就算場面再如何混亂難堪，都要留住一個冷靜的你；就算箭在身上，你也別急著拔出，就讓自己流著血，靜靜地逼視**，好好看著眼前的演員如何演出、如何張牙舞爪。耐點心，讓他好好演一會兒。身在職場多年，一路走來，我已見過各種大大小小的荒謬事件，但如此奇情且直接衝著我來的狀況，還真是替我又開了新的眼界，對於世間汲汲營營的人們（包含我自己）也有了另一種新的體悟。

那年，承億文旅成長與擴張的腳步未曾停歇。兼任兩份職務的我，既要做開發工作，又要帶領行銷企畫團隊，俗話說「蠟燭兩頭燒」，真是再貼切不過。每日接受的職場壓力源自各方，高壓不斷地擠壓著身心。曾與我共事過的同事，若回想起當年的畫面，都應該記得我一臉憔悴。

先把人找進來再說——這可能就是壞事的開端

有天，戴先生拿著一份履歷給我：「Kris，這個年輕人想進企畫部，你找個時間面試一下。」於是我請人事部安排，就暫且稱他為阿左吧。到了約定當日，阿左依約前來。面談過程中，他完全沒有行銷企畫經驗，但態度很誠懇。

話又說回來，當年要在嘉義招募行銷企畫，其實並不容易，畢竟所有的年輕人畢業後都往臺北跑，沒人想留在嘉義工作。我想起戴先生曾說過，他總是想支持年輕人返鄉工作，除了可以住在家裡減少開銷，還能就近陪伴父母，因此他願意給年輕人機會。為了實踐戴先生的企業理念，面對雖然沒有行銷經驗，但充滿熱情的阿左，我決定錄用他，並給他一個副理職缺。

阿左加入團隊後，工作積極努力，也很肯學習，待人接物親切有禮，當時我認為找到一位很不錯的團隊夥伴，也很謝謝戴先生的舉薦。沒過多久時間，戴先生再次丟了一份履歷給我：「這個人你看看，我覺得還不錯，如果沒有其他問題，我想任用他。」我讀了一下手上的履歷，對方應徵的職缺是行銷經理，等於是我的副手。從戴先生的言談中，我聽得出他想直接錄取對方。

戴先生一直在協助我建立團隊，我當然心懷感激，但我始終有些困惑，如果團隊是由我帶領，理應由我自己選人吧？但當時我每天要處理的事情太多，實在沒時間細想，**總之，先把人找進來再說，多個人多個幫手，也不是壞事**。沒多久，這位先生就這樣加入團隊了，姑且就叫他John吧。

John剛到職時，我除了感謝他的加入，也希望他能與我分工，協助我監督、推動目前排定的各項企畫案。因為除了行銷的業務之外，我還是有一大部分的時間，需要協助戴先生從事開發。起初John沒出現任何異狀，一切也看似順利。那段期間，**有時我與行銷部門的作息完全顛倒**。平日白天陪同戴先生處理開發工作，直到晚上七、八點，再開著車回到公司在外租賃的企畫部辦公室，回覆部門內的工作信件、更新專案進度，直到接近凌晨才回到租屋處歇息。到了週末假日，我也會進辦公室彙整一週工作，同時安排往後的時程，再交由 John 去執行。

忙到無暇親力親為，副手卻開始無故曠職、搞失蹤

然而，不久後，John 開始出現狀況，除了工作進度落後之外，有時連表定的行銷活動也沒去做，其他部門的抱怨更是接連不斷。我很快就意識到狀況不對。我開始要求 John 加強了解部門內狀況，也在已經非常緊繃的狀況下，硬是擠出時間進部門辦公室，親自執行各項管理與推動。由於我平日下班還得陪戴先生應酬，總是喝得酩酊大醉，儘管隔日宿醉，還是得照常上班開會，此時的我，已完全沒有私人生活，每日卷絞於工作之中，身心疲累。

到了後期，有時 John 會無故不進辦公室，打電話找他，總是有藉口說人不舒服或其他各種狀況，顯露出消極抵抗的狀態。經過多次懇談，都未見成效，**當時我**

已察覺John不適任，但未曾意識到的是，他已居心謀策一段時日。

活生生的職場倒戈，竟就這樣發生了

該來的還是會來，但我從沒想過，那場景會是這樣發生的。某日傍晚，每月例行的經營管理會議結束後，大家正輕鬆閒聊，室內已有些暗，卻沒有人開燈。戴先生忽然對著我說：「Kris，你知道你部門出狀況嗎？」我一頭霧水，戴先生繼續說：「有人說，你部門帶得很爛。」我平靜地回覆：「怎麼說？」戴先生說，「不然，我把當事人找來好了。」

接下來的劇情發展，簡直就跟荒謬怪誕的綜藝節目沒兩樣。所有人都坐在會議室等待主角出現，不知道為什麼，還是沒人起身開燈，只能眼睜睜地看著從落地窗照進來的光線漸漸暗去。外頭的透明電梯忽然啟動，我們都聽見有人從樓下搭著電梯上樓。不久後，會議室門一開，雙雙走進來的正是John與阿左。

戴先生要他們坐下，我面無表情地望向他們。戴先生說：「他們說，你沒有做好你的工作本分，都把事情丟給他們兩個。」**我很快就意識到，這可能是某種倒戈，沒想到竟會這麼活生生地在此刻上演。**

「戴先生，我的確有把事情交代安排下去，並親自參與團隊協作；儘管我同時負責開發的工作，有時可能會有所疏漏，但不至於完全如同兩位所說。」當下，我並沒有把 John 在工作上的異常提出來，那就變成沒有意義的互咬了。

「他們說，你不配當他們的主管。」戴先生說。我只是望著戴先生，也不知道該回應什麼。接下來是整齣實境秀的最高潮。戴先生又問：「不然這樣，阿左我問你，如果要從 Kris 跟 John 之間選一個當主管，你會選誰？」阿左毫不遲疑、斬釘截鐵地說：「我選 John。」**聞言，我的思緒斷片了三秒，靈魂像是瞬間被抽乾，肉體則蒼白無血色。**

這整齣倒戈大戲演到這裡，我想背後應該有整套精心策畫的劇本，今日的局面也絕非突然。我記得，我只對阿左說：「阿左，我要謝謝你，讓我明白你的真實想法。我一直認為你對工作很盡責努力，既然你選擇了 John，只要是能對公司有貢獻的團隊，我都樂見其成。」語畢，所有人沉默半晌。戴先生讓 John 和阿左先離開，會議室剩下幾位核心團隊成員。

「那現在要怎麼辦？」戴先生望著我，我聳聳肩。**坦白說，我覺得差不多該是時候告別承億文旅了，我已經好累了。**

此時，總經理戴女士忽然說：「Kris，我不清楚你部門內部的狀況為何，但我相信你不是這樣的人。如果有必要，我會只留一個人，我可以把所有部門的人裁撤掉，包含John在內。再另外為你組一個新團隊。」

我不可置信地望向戴女士，只覺眼眶發熱，眼淚就快冒出來。然而，我只是搖頭：「戴總，我很謝謝妳，但我不希望事情變成這樣。公司正在發展，組織團隊是很不容易的事，**我個人事小，請不要為此影響公司運作，我會接受公司懲處或自請離職。**」

此時戴先生又問：「不是啦，那現在到底要怎麼辦？」財務長給出了建議：「老董，我建議把Kris召回總經理辦公室，繼續做開發，先解除他行銷長的兼任。」在場另一位主管同事又答腔：「行銷企畫部不能沒有大主管啊，那是要把John升上來嗎？」戴先生又接話：「既然John覺得他做得比Kris好，那就讓他演演看吧，演得好，我們再來討論升職的事。」

財務長說：「Kris，你回去先把東西收一收，明天就回總部辦公室。」

眼前飄來浮木，但我選擇繼續在水中浮沉

離開會議室後，我只覺得身心俱疲。開著車回到企畫部辦公室，看到裡頭還亮著燈，是部門其中一位小女生設計師。她一見到我，便開始嚎啕大哭。她哭著透露，John已經謀畫這件事很久了，常趁我不在時，背著我私下約了部門所有人去吃飯，並不斷說我的壞話，說我都跟著老闆吃香喝辣，根本沒在照顧團隊。John同時也威脅所有人，不准對我透漏半點風聲。這個小女生說她很害怕，也很抱歉幫不了我。我笑著抱抱她，謝謝她這麼明理，也願意為我著想，我沒事。

設計師哭著離開後，我找來一個紙箱，把所有東西都丟進去。望著收拾乾淨的桌面，我內心萬般複雜，回望辦公室最後一眼，連夜逃離現場。

回到住處之後，我再次收到戴女士傳來的鼓勵短訊，財務長也發來一段簡

訊：「Kris，老董這麼做其實是在幫你，你要加油。」陸續收到核心團隊成員的打氣短訊，就像一根根浮木，**但我選擇將浮木推開，讓思緒在海面上載浮載沉**。窩在狹小的租屋處，我徹夜未眠，滿腦子都是過去紅極一時的綜藝節目《分手擂臺》，電視裡正上演著誇張的劇情，而如今的我就坐在那個螢幕裡，哭笑不得。

然後，我突然想起，今天是我入職正好屆滿半年的日子。

孤獨力高級修煉　第四課：

- **第一步：**職場中難免遇上危機與波折，所有迎面而來的，從不需覺得意外。不用急於撕扯關係，即便已是負傷。**就靜靜逼視，無為即是有所為，泰然處之，靜待被攪動的濁水漫漫沉澱。**
- **第二步：**不需爭論，也無須惡言，只平實陳述自己的思想作為與看法。
- **第三步：**即使處在風暴中，仍若無其事地繼續走下去，相信我，時間會給你一個最公平的答案。

我是主管，卻痛苦地被下屬選擇，分手擂臺真實版（下篇）

——那些曾害得我傷痕累累的，最終，我反而同情了他們

故事寫到這裡，我想請讀者們再次一同思辨：「為什麼要成為一個孤獨的修煉者？」**孤獨是捨棄本我，惠予身邊人事物，帶來最多餘裕的一種修為**。孤獨有助於傾聽與理解所有眼前實象的生成，以不參雜任何情緒的方式，透視事件本身的原貌，你會發現，所有事件的源頭，其來有自。

身在職場，每個人總用著自己得心擅長的方式，努力求取生存，無論姿態優雅或醜陋。換句話說，**職場上的所作所為，都只是在展現自我求生的本能**。有人利用努力工作求取表現，有人利用交情無往不利，有人則是先絆倒他人後再奸險地超越。而原來，這些都只是展現求生欲之後的產出或副作用，每個人都只是想活下來而已，沒有其他。

我在此想表達的，並非要各位消極被動地任人盡情傷害，而是當遇到這種情況之後，我們應如何自處，並有所作為。正面衝突、暗地報復或消極離開，都不是相對最理想的做法。我仍想建議讀者，**繼續把手上該做的事情好好完成，不怠忽自己的工作職責**。至於事情如何發展，就算最終仍得離開、無法成全大局，**也只求最低限度的自身無愧**，無關乎別人，那都是對自我職場性格的養成，一種最成熟而溫潤的提升。

一邊思考，一邊如常地把工作做好

很快地，我被鬥垮的消息，傳遍了整個公司。我又回到三樓辦公室的大會議桌，繼續做著開發工作。耳邊盡是謠言耳語，有人私下譏笑我；有人對我投以同情眼光；也有人為我打抱不平。**我沒多想，只是如常地，做好戴先生交辦的工作**，一邊暗自思考下一步該怎麼走。而得到權力的John與阿左，以為從此之後平步青雲，遺憾的是，事情並沒有如此發展。他們開始直接承受來自戴先生的高壓。戴先生以過去要求我的標準，「很公平地」對待他們兩位。而當時我之所以能兼顧開發與企畫兩邊的工作，是靠犧牲私人生活換來的，少了這樣的覺悟與投入，其實很難達成。

坦白說，當時戴先生所下達的工作強度，如果沒有我居中緩衝，年輕團隊是絕對所無法承受的。作為部門主管，我力求給夥伴良好的工作環境，所有高壓到我這裡就好，我會先抵禦並消化，細緻調節一番後，再轉變成明確的工作指令，每個人只要各司其職，專注於自身工作，團隊就能好好運作。**至於壓力，我承受就好**。可能當時 John 沒能好好理解戴先生的性格，儘管老闆隨性又海派，對工作要求卻極為嚴厲。John 還以為能從政治操弄中，僥倖獲得好處，結果，所有壓力立刻轉移到他身上，與阿左兩人終日水深火熱。

結果**我從當事人變成局外人**，聽說戴先生每次開會都在吼 John 與阿左，我忽然有點同情起他們。偶爾晚間下班時，我會開車繞到行銷企畫部的辦公室外偷偷遠望，關心大夥的狀況。我總會看到阿左一人加班，聽說 John 又都把工作全甩給他。我忽然覺得，這兩個傢伙實在有點可憐又可笑，怎會把自己弄得這麼狼狽？

「你覺得，現在公司最需要什麼？」

話雖如此，我也無暇看別人笑話，我早已思考了自己的下一步，決定離職。準備提辭呈的幾天前，我拜訪了戴女士，想在離開前，謝謝她釋出的諸多善意。沒想到她一派瀟灑輕鬆，笑著說：「哎呀，離什麼職啊，不是待得好好的嗎？」我聽到後愣了一下，也許我們之間存在著相當大的認知差距。

「你覺得公司不好嗎？」她問。「不，我只是覺得，我好像幫不上公司什麼忙。」我失意地說。聽我說完之後，戴女士站起身，走到她辦公室外的陽臺，回頭望著我。「Kris，我可以抽一支菸嗎？」她笑嘻嘻地問我，我靦然地笑著點點頭。她又問：「那你覺得，公司現在最需要什麼？你又能幫公司做什麼？」我想了一想，答道：「公司現在需要品牌，確立承億文旅的品牌定位，闡述理念與觀點，逐漸安排進入公眾的視線。」

語畢，戴女士眼睛一亮：「這個想法好耶，應該是要做品牌的時候了。」我望著戴女士，她可能看我一臉哀戚，又笑吟吟地開解道：「沒事啦，不要想這麼多，我去跟戴董說，把你安排到我的辦公室，我們來想想，怎麼開始。」就這樣，我從載浮載沉的海面上，被戴女士順手撈起。**不久後，我就從開發協理，轉被任命為品牌協理**。放下開發工作，有了全新的工作聚焦，也暫時打消了離職念頭，但對未來仍充滿未知。

陷害我的人自請離職，這算贏了嗎？我怎麼不覺得？

另一方面，由John所帶領的行銷企畫部持續崩壞，各部門抱怨不斷。就算在公司聽到再多傳聞，對我而言，好像都已是很遙遠的事了。那段時間，我就只是安靜沉默地，做好戴先生交辦的事，別人問我再多，我也不願再多表示意見。就在事發不到三個月的某日午餐時間，一位同事面帶竊喜地，私下對我說：「聽說John離職了，Kris你贏了耶！」據說John因為受不了戴先生高強度的工作要求，很快就逃走了。但行銷企畫部已被他弄得一團糟，所有的人都失去了工作方針。後來聽說阿左也準備離職了。**戴先生特地來問我，有沒有意願回去接手行銷企畫部**，我暫時婉拒了。但戴先生又說，在找到新的行銷企畫主管前，希望由我出面慰留阿左，並問問他有沒有興趣上位，嘗試帶領整個部門。

某個午後，我開車來到企畫部辦公室，人沒走進去，只開個門探頭，喊了一聲阿左。所有人看到我，又驚又喜的，好像被挾持的人質終於獲救了一樣。

我與阿左兩個人站在戶外，沉默了幾分鐘，的確是有點尷尬。我首先打破僵局：「阿左，公司聽說你要離職，請我來慰留你。這段期間戴先生覺得你的工作態度不錯，如果你願意的話，公司願意給你帶部門的機會，你也試著讓自己成長，如果你有需要協助的話，隨時來找我。」對話過程，阿左的眼神，始終沒有與我正眼對上，閃爍又閃躲。「總之，你好好想一下，做了什麼決定，再跟戴先生說一聲。」我轉身，準備開車離開，阿左突然說了句：「Kris，對不起。」我只望了他一眼，笑著擺擺手：「沒事，都過去了。」

事過境遷再相逢，不留情緒便是最好的應對

這件事情之後，我才發現，**自己好像沒有真正去憎恨一個人的本事**。那些出現在職場，曾伺機傷害過我的人，一個個張牙舞爪地出現，然後，又如煙霧般淡出消失，好像也沒真正傷我入骨。

在那個當下，我的確是真誠地想幫助阿左，且不帶任何情緒；而那個倉皇而逃的 John，我也沒憎恨過他，我明白這是他在職場的生存方式，**而選擇用什麼方式生存，所有果報，也都會回返到自己身上**，這些都是他要承擔面對的，無從逃避。身為被他傷害而倖存的我，如有機會再見到他，我想，我應該還是能若無其事地與他相對吧。

最後，阿左決定留任，而公司也不知從哪又找來一個人，很快地頂下了行銷長的位子，整輛「拼裝車」整一整，企畫部門又巍巍顫顫地再度上路。有人會問，為何我最終還是沒有回去接任企畫部主管？私心來說，**還是得讓一個人表現得更差，才更能凸顯我的出色**。當然，這完全是很有風險的做法，如果接手的人比我更

出色，我就沒機會復辟了，但那也是我的命運吧，我從沒強求。

再回到我與戴女士的約定，我成了品牌協理後，以幕僚的角色推動品牌，底下沒有團隊，什麼都得親力親為。這是我給自己與承億文旅的最後一次機會，如果再次失敗，我也認真試過了，雙方都將無愧於彼此。**沒想到這一試，竟讓承億文旅的品牌，有了全新生機。**戴女士是我的貴人，也對承億文旅後來的品牌走向，發揮了關鍵作用。同時，她也為我的職場價值觀與人生觀帶來了正面影響，將我的思維，提升至另一種新高度。多年後，每當想起這件事，我腦中就浮現戴女士一派淡定輕鬆、笑咪咪的模樣。我從不知道，她是如何總能勝券在握的。

孤獨力高級修煉　第五課：

- **第一步：** 當你終於盼到時間給予一個公平答案，**其實，這個答案本身已經毫無價值了。此刻你該做的，是跨過這個答案**，遠方的人生，還等待你的奔赴。
- **第二步：** 試著同情職場上曾傷害過你的人，而非悲憫他們的錯，好好清醒地俯視，看著他們自滅。
- **第三步：** 孤獨的修煉者，從不需他人認同，毀譽都是虛妄。就讓自己役於生活之上，繼續前進，伺機找到施力點，讓孤獨力，開始野蠻生長。

終於開始好好做品牌，但品牌要怎麼做啊？

──「做品牌，就是要大聲嚷嚷啊！」

大家相信那些口沫橫飛的品牌專家或行銷專家嗎？前文提過，我從不相信。進入業界多年，在品牌或行銷領域中，**我想說的是：專家根本不存在**。品牌學或行銷學，僅只是社會科學，透過個案樣本累積，盡可能排除干擾因素，歸納結構面並找出脈絡、結成經驗法則，最後形成個案或教科書，並以方法論論述，供後人依循參考。但沒人敢保證，跟著教科書（或所謂成功個案）照辦煮碗、搬字過紙，就一定能成功。最多只能說，所謂專家，可能過去比你多了更多試錯機會，以至於後來他的成功機率看似較高，**但這不代表他比你厲害，很可能僥倖成分居多**。

所以，既然誰都沒有絕對的自信，就沒有所謂專家的存在，為何要對未知的挑戰感到恐懼？刨除所謂專家的花俏光環，人人條件、機會、資源均等，赤手空拳的狀況下，誰會比誰厲害、誰比誰還專家，還很難說。

作為職場裡孤獨的修煉者，我只想建議大家，先盤點自己手上握有多少資源，再徹底研究挑戰的全貌，接著彌補不足、洞悉需求，試著找出機會點。更重要的是，問清楚老闆要的到底是什麼、想達成什麼效果；內外全局掌握後，下一步，便開始動手。

就算沒有真正的品牌經驗也無妨，反正誰都不會比誰厲害，不必一開始就自我低估。過去的案例經驗儘管可供取樣，但無須盡信，因為這當中多數帶有誇大成分；**必要時，你得拋棄教科書、跳出窠臼，用全新思維做品牌，反而能找出一條新生機。**當年，我替承億文旅做品牌時，僅憑藉過去些許經驗與學理知識，更多的是全新的獨立思考。總而言之，我用自己的方式行事，因此開創了新局面。

做行銷真的不用花錢？嗯……應該吧

當年我曾誇口：「做行銷不用花錢。」總經理戴女士聞言，再度喜出望外：「這個好。」但我當下心裡想的其實是：「嗯，應該可以吧。」

在「反正我已經沒什麼可失去了」的心情下，誠如臺語說的：打斷手骨顛倒勇，忽然之間，我為此熱血沸騰，**這個品牌應該怎麼做，一切由我說了算**。旅館業說到底，還是傳統產業，高資本投入、高營運成本，且毛利較低、勞力密集，本質上仍是奠基於「住一宿」的物理性需求。大多數的旅館業者，還是必須在房價與住房率之間掙扎，以及將命脈依於諸多媒合旅店業務的平臺管道。我在傳統的剛性需求基礎之上，決定嘗試對旅館業，做些不一樣的品牌意識革新。

作為新旅店品牌的後進者，如何讓公眾認識承億文旅，我決計自成一格，**要顛覆所有人對於旅店品牌的傳統定義**。我的想法是：「反正沒有人做過文創設計旅店品牌，不如，就從承億文旅開始，讓我們成為旅店派別的新倡議者吧。」

首先，**我決定為承億文旅說故事——重要的是，我只說真實的故事**。我開始蒐集、捕捉承億文旅兩位創辦人（戴先生與戴女士）對於品牌與旅客的許多想望與熱情，並將包含其中的真誠與敞開，化為一個又一個品牌要素，慢慢建構成得以口耳相傳的小故事。

品牌榮耀始終屬於品牌自身，我只是忠實的執行者

當年從我口中說出的，每一則關於承億文旅的故事，都是真實無造作的。戴先生與戴女士出身嘉義市，擁有最爽朗且樸實的在地人文性格，充滿人情味。當年團隊常言：來自北迴歸線二三．五度的初心，一群住在嘉義阿里山腳下的人，熱愛臺灣這塊土地，透過承億觀點，**用旅行，引領所有人再次認識臺灣、真切體會臺灣人文意象之美**。承億文旅品牌的初始設定，就這麼純粹簡單。

但對於承億文旅這個品牌，誠如我一再表述，我只是個推動者。背後更多的，是將創辦人們的意念，透過專業經理人團隊作為推手來實踐。品牌以「共識決」呈現結果，所以，承億文旅是非常原創、具有創辦人鮮明性格的一個品牌。在這之前與往後，**品牌所獲得的所有美譽或成就，從不屬於我，它從來都是屬於戴先生、戴女士與承億文旅自身**。我僅只是在過程之中，不斷傾聽與記錄，力求能使承億文旅各項品牌作為，都充滿創辦人的理念與鮮活魅力，而我只是那個忠實的執行者罷了。

那些年，適逢臺灣文創意識抬頭，各類文創商品與產業如雨後春筍而生，承億文旅就在這樣的浪潮之下，躬逢其盛，自然而然地，以文創切入旅店業範疇。這年，承億文旅的第三間新館「台中鳥日子」預計於半年後開幕，我認為，這是帶著承億文旅進入公眾視線的最好時刻。必須在有限時間內，先把這個故事說好，再將品牌訊息正確精準地傳播出去。

還沒做出成果前，說再多都是多餘

那半年沒有團隊奧援，我只得孤身一人，獨來獨往，**每個人都知道我在做品牌，但幾乎沒有人知道我在做什麼**。於是，又有人在謠傳：我不過是在苟延殘喘，做最後的垂死掙扎。面對這些耳語，**我也只是消化，不做辯解**。我明白，當你還沒做出成果時，無論說得再多，那都是多餘，於是，**就盡情忍受猜忌吧**。我仍舊日復一日，若無其事，搭上公司那座熟悉的透明電梯，沉默地進出辦公室，上班下班。在嘉義的生活，晨昏景致，儘管美好得令人眷戀，但對我而言，卻總有些許蒼涼。

大家已讀過前述那些諸多荒謬，不過一年的時間，我就被摧殘得像是已度過數年。當時的每一天，雖然看似很有目標，其實我都在孤獨地倒數，充滿矛盾與倦意。

台中鳥日子的開幕記者會在即，進入大量的媒體溝通、採訪邀請階段。**當年的我，什麼資源或人脈都沒有，只得一一接觸請託與聯繫**，要在有限時間下，完成所有布局，身心承受極大壓力。當時公司內部依舊混亂，同期加入的許多同事們，也都因為壓力過大而陸續離職。幾乎每週，都有人約我吃告別晚餐。看著我一臉憔悴，每個人都好心勸退我，這地方不值得努力，再拖下去也難逃敗陣出局的命運。我總是笑著稱謝謝，吃飽後，再開車回辦公室加班。開幕前一週，我每天都忙到凌晨一、兩點，走出辦公室時，萬籟俱寂，星月已稀。**我明白，這段路，我必須得孤獨走過。**

總算，成功地把公司品牌推向公眾視線

記者會非常成功，引發了在場媒體的好奇與關注，**像是平地一聲雷似地，承**

億文旅成功闖入公眾視線。現場熱鬧非凡，大家聊得熱絡，我忙著將戴先生與戴女士介紹給媒體認識，雙方展開對話後，我便含著笑意低調退至一旁，內心平靜與疏離。記者會結束後，我沒有就近返回臺中老家，而是直接開車回到嘉義住處，整個人筋疲力盡，倒頭就睡。直到隔日傍晚，才又沉沉醒來。

不知道為何，我仍覺得疲憊，可能是睡得太過頭的緣故。我從床上勉強撐起身子，胃袋十分飢餓，窗外的夕陽就快沉落。手機裡滿是同事與友人傳來的網路媒體報導連結，持續向我送上熱烈的祝賀或肯定，我卻毫無興奮感。**一覺醒來，世界，好像變得有點不太一樣了。**我窩在狹小的住處，依舊孤獨自處。「先洗個澡，換個衣服，出門吃碗雞肉飯吧。」一步出住處時，我一身清新，第一次感覺到嘉義的空氣，有這麼一些溫暖撫慰，像是張開著手，環越過我的肩，接納了我。我想，自己好像可能做對了一些事。

總算順利將承億文旅介紹給公眾認識了，品牌在媒體曝光後，迅速在網路上發酵，獲得熱烈迴響；更產生了品牌聲量，也持續引發公眾與傳媒熱議。我的信箱陸續湧入各方媒體採訪邀請、文創與行銷相關合作邀約。那段期間，我身邊（甚至不甚相熟）的朋友都在問我：「你上班的那間旅店，是不是叫做承億文旅？」

我回想起戴女士曾說過：「做品牌，就是要大聲嚷嚷啊！」至此，我們似乎已做到的「大聲嚷嚷」的第一步。那麼，下一步呢？

孤獨力高級修煉　第六課：

- **第一步：**這個世界上，沒有所謂絕對的專家。真本事的專家，是無論遇到任何問題與挑戰，總是一派從容不迫，知道如何找出事情脈絡；下一步，就是去做。
- **第二步：**何必害怕失敗？根本不必。失敗不應該是一種被動結論，而應是激發你願意犯險的動機。
- **第三步：**置之死地而後生，做好最壞打算，自我啟發大無畏的心神，正是你獲得成功的最大契機。**而真正的成功，是當別人認為你成功了，而你卻只感到理所當然，因為一路而來，辛苦走過，沒有僥倖，這些都是應得。**

◉做文創的其實都很會喝酒？酒精洗滌後的眾生相
——那些應酬的每個晚上，所有人都在為了公司存亡，拚搏與延宕

職場的本質，從來不是以一種光鮮優雅的樣貌存在。我總相信，**職場中越光鮮的表象背後，總有越多的掙扎與艱辛**。作為一個孤獨的修煉者，必要時，不逼問工作的意義，只問該如何工作、如何發揮所有，真理不見得有價值。除了出世坐望眾生相之外，當你需要積極入世，在眾生群相裡玩一把時，別抵抗、也別裝，全心投入，那是你對職場人生的真切回應，是一種負責任的作為。所有歷練都有價值，都是絕佳養分，都將完熟你的職場性格，格外彌足珍貴。簡單來說，**該應酬喝酒的時候，別推託、別扭捏、好好喝、用力喝、盡情喝。**

坦白說，來到嘉義工作後，我一直有種恍恍惚惚想離開此地的心情，但不知為何，在某個晨間醒來之後，這感覺忽然消失了。我感到自己在工作上找到了施力點，逐漸駛進軌道裡，雖不知會通往哪裡，也不確定這個穩定的狀態能持續多

久。心情從「計算能在公司待多長年限」變成「隨時都在倒數，隨時都有離開的可能」。在這樣的轉變之下，我反而更珍惜每個能展現工作實力與價值的機會。

以最大熱情，義無反顧地燃燒自己

台中鳥日子開幕後，承億文旅累積了些許名氣，吸引來自各地的廠商、投資方與銀行青睞，眾人紛紛找上門，尋求各種形式的合作。身為團隊中的品牌主理，在專業本位之外，陪同戴先生與戴女士接待合作方與媒體，自然也成為我的重要工作之一。**當年北部媒體圈盛傳：做文創最會喝酒的，就是承億文旅**。來過嘉義拜訪的媒體或合作方，從沒人能清醒地走出我們公司。「來承億文旅拜訪，要謹慎小心，他們團隊都很會喝。」眾人總是私下互相提醒。當時還有一說法：只要午後，在嘉義高鐵站遇到醉醺醺要北上的人，隨口一問，都極有可能才剛從承億文旅吃完飯，然後被灌醉（以上僅止笑談，只望當時都沒耽誤到大家的正事）。

寫到這裡，可能有讀者以為我輩皆是貪杯之徒。不，實則當年所為，一心拚搏，只為了要讓承億文旅壯大與存續，這才是真相。做文創，不是常人以為，成天開幾個論壇研討會，自以為附庸風雅清談一番就能了事；**承億文旅把所有的文創情懷，都留給顧客了**。而自身覺悟的，是關乎企業生存背後，照顧的數百個員工家庭重擔，請別小看臺灣中小實業家們，渴望生存的韌性與決心。

作為戴先生的團隊成員，唯有義無反顧地協助他、燃燒自己，以最大熱情支撐著，同時想方設法，要讓更多人認識承億文旅——當時團隊裡所有成員，都是以這樣的心情在努力。

酒桌上不談生意，那該談什麼？

當年，為了積極促成與合作方的各種可能，幾乎每隔幾天，就有一場應酬。通常是白天正經地談完正事，中午過後，就是所謂的「做自己」時段。你要說中南部人好客也好、草根也罷，酒桌上，就是不談生意、不談數字、沒有套路、不談養生、不聊健康；言談時事、話人生、談嗜好、問興趣、或互問最近有沒有談戀愛，或開玩笑胡鬧，硬要看別人手機裡的照片。而這些聊過的，只留在餐廳包廂裡，明日太陽升起，賓主各自士農工商，一切如常。就這樣，盡興地度過許多交心時刻。我吸收與內化在場每個成功人士的言行與談吐，觀察並學習戴先生與戴女士的對話，時而嚴肅、時而輕鬆，自然生動，游刃有餘，誠摯且熟成。

我覺得，當年中南部式的應酬，如我輩所為，在真切敞開的互動中，格外能理解彼此的真性情與本性。**因應酬所建立起的交情，那是商業關係之上，沉澱下來的醍醐，萬分珍貴**。應酬，真是一門至情至上的學問。套一句戴先生常說的：「真性情，就有好文章。」

我認為，作為職場中一個真正的孤獨修煉者，應該更兼容並蓄地接納所有事物，而非曲高和寡，所以，我樂於積極地接受應酬文化。相反地，**越孤獨的人在酒桌上，越能成為一個更清醒與理性的存在**，積極融入，隨時為在場氣氛所需而及時補位。再說到自己，我自知並非社交型人格，但當工作所需時，我並不自我設限，這都是人生的學習。所謂的高尚，只是無謂且無端的堅持或放不下罷了。於是，當我知道有這樣的需求時，我便敞開，讓自己這樣的人格特質開始生長。

應酬之前，我這樣做功課

應酬前，我總要先自我布置一堆工作。提早從戴先生祕書口中，獲取即將來訪的合作方訊息，包含對方公司名稱、人數、來訪職級來歷等。用網路稍微搜尋對方資訊，蒐集可用的應酬話題素材，如對方公司發展新訊、過往媒體受訪內容等等，**避開可能的爭議話題，皆以正向與美譽為主**，逐一記在腦海中。赴宴之前，我習慣提早開車至垂楊路的某間便利商店報到，買兩個三角飯糰，一瓶優酪乳。坐在窗邊位子，安靜地望著車水馬龍慢慢吃完。一邊咀嚼，一邊整理接下來的應酬思緒，以及該如何發揮。

賓客未到前，我會提早進入包廂，並以「梅花相間」的方式安排座位：一位貴賓夾一位我方同仁；此外，**我的位子通常會盡量選在戴先生斜對面視線可及之處，以便席間對話時有所照應**。應酬開始，賓客陸續入座後，我會逐一交換名片，並根據每個人的座位，對應著名片在桌前排序，暗自強記賓客長相特徵，以便席間能正確且自然地喊出對方名字。

應酬開始，我這樣製造話題

接著，菜餚還沒上桌前，會先送來開桌香檳酒。中南部應酬文化特色是順著圓桌（順時針或逆時針任選），逐一乾杯敬酒——讀到這裡，大家就知道，我為何一開始要先在便利商店填飽肚子了，**以防一開始就喝掛**。戴先生的應酬教育，有點日式武士道精神：「要喝就不喝假的，要真喝。」充分展現公司豪氣與誠意。席間一半再上紅酒，就可依照雙方狀況酌飲。談笑之間，關係漸漸熟稔，我悉數將早先彙整的話題素材，在適當時機放入應酬對話中。言談中自然而然地，將雙方關係以及語境梳理成同調，**產生熟悉與歸屬感**，**找到雙方相似類比之處**；例如企業文化、企業未來發展狀態，促進後續雙方友好合作的機會。

舉個例子，如果對方愛運動，我便會順勢提及：戴先生也擅長羽球；對方如果也喜歡藝術，我就會在對話內容中，悄悄放入戴先生近期支持的新銳藝術家，以及有趣的藏品介紹。如果從報章雜誌中知道對方曾有過緋聞，我們就不暢談美滿的家庭婚姻關係，只談如何談一場好的戀愛。一場應酬熱熱絡絡、話題不斷，賓主盡歡。是故，應酬不是人到心不到，悶著頭吃吃喝喝就好。寫到這裡，我不禁又想起戴先生的名言：「唉，應酬不是來呷喪（喪禮過後的飯局）的耶，說些話啊！」還好，他這些話從不是對著我說。

應酬後段，最精彩的重頭戲

隨著應酬時間持續，眾人已有六七分醉意，接著重頭戲登場：換上威士忌、大碗公與骰子，這是轉場分組活動競賽的時間，目的是再次促進雙方感情。我們會與合作方混合分組為數個小隊，以擲骰子方式比拚，當局點數最小的，要把桌上作為賭注的威士忌全喝光。到了這個橋段，我也開始有醉意，但已到最後，不可不謹慎。隨著眾人一把一把地玩，有贏有輸，撐著喝下一杯滿滿不兌水的威士忌，伴隨著大量的驚呼笑鬧與叫囂，場面混亂，東倒西歪，所有人無比瘋狂，盡情地「做自己」；直到賓客不勝酒力陸續倒下。隔天有事的，會趕在當晚最後一班高鐵發車前，讓司機將其送至高鐵站。不趕時間的，就直接送到樓上客房休息，直到將戰場清理完畢，逐一妥善安頓，應酬圓滿落幕。

望著整桌杯盤狼藉，戴先生、戴女士以及尚清醒的同事，有時，我還能滑滑手機，繼續若無其事地討論公事、確認明日會議與後續交辦工作。那些日子，我常常喝到凌晨三、四點，回到住處盥洗後入睡，不到幾小時便起床，蒼白著一張臉，準時出現在公司開會，並在兩天內就著拿到的名片，逐一敲下聯絡資訊、寄出「感謝來訪」的電子郵件。

我們酣暢，但從不耽誤工作與會議，這就是中南部企業強韌的根性。最高紀錄是從中午喝到深夜，一連換兩組客戶，中間休息不到三小時，原班人馬位子沒動，換上新桌，空位再填上新的賓客，開始另一場新應酬，直到深夜。這樣的應酬生活，一場又一場，持續了好幾年，各種合作也一項一項推動與展開，承億文旅越來越有樣子。

應酬這門課程，我不知道自己到底學得好不好，**但我始終盡力，讓自己野蠻生長。**能跟著戴先生與戴女士應酬，是我這個孤獨的職場修煉者，在這所社會大學拿到最寶貴的學分之一，千金萬金買不到。

孤獨力高級修煉　第七課：

- **第一步：**認清職場混濁的本質，積極清醒地入世。在不同場合，扮演好當下角色，積極隨和，認知自我價值。需要時，不對工作提出大哉問，那毫無意義，只問眼下如何達成。
- **第二步：**一個孤獨的職場修煉者，應能展現多元成熟的職場面貌，而非一味孤高自限。讓自我不同職場人格面向，在每種場合恰如其分，以本色演出，理解了、學習了，且確實做到。
- **第三步：**應酬是自己的事，總之，別讓老人家知道，別讓老人家擔心。

品牌聲量的首次巔峰
——桃城茶樣子開幕之後，重新拿回原本就屬於我的位子

人在職場中，爭與不爭，似乎是職場生存中，常須面臨的抉擇與考驗，無論主動還是被迫。**爭了，不見得能拿到，不爭，也不見得能長安無事。**作為一個孤獨的職場修煉者，如果問我答案，我想告訴讀者的是，爭與不爭，必須跳脫二元對立制約思維，**讓爭與不爭之間，成為相互依存的關係：既要爭，又要不爭。**

這話看似矛盾，但不難體悟。不爭，指的是「不與人產生白熱化的明爭」；雖然常言職場上的良性競爭，可以刺激企業成長，但我看過更多的是內鬥、內耗與淪落。然而，不爭之餘，唯一要做的是在職場中，迅速找到定位，覺察哪件事還沒人做，而你能發揮得最好，確認後，不用吝嗇折騰自己，就加大力度去做，直到專業被認可，位子坐久坐熱，伴隨而來的，就是存在感與談資。當上頭有需要時，自然會想到你，而你也早已準備好，一切水到渠成。**該是屬於你的，從不需要爭。**

那麼，說到「爭」，又要爭什麼？再深一點談：當這個機會不是你爭來，而是被「被請託而接受」的，代表你多獲得了某種「權力」，而後即便你無所為，也會因為你比別人「多了」這個機會，而無端招忌眼紅；那麼，**為確保這份機會往後不產生質變，要主動要求對工作自主定義**。

簡單來說，面對這個他人賦予你的機會，**你要爭一個「絕對信任，他人無從置喙的主導權」——既然是你拜託我做，就得照我的遊戲規則走**；做得好是應該的，做不好就走人。一切全由自己概括承受，充滿信心與野心，拿出這樣的氣魄，這才是成熟的職業經理人應該有的風範與態度。相信我，這不是恃寵而驕，漫長的職場中，要**持續培養獨立思考的特質，並脫離制約的隊伍**，久而久之，你將從職場的桎梏中所釋放，獲得最多的獨立思想與行事自由。

而在抉擇來臨前，時機尚未成熟時，就坐懷孤獨，持續靜觀與思考，順勢而為；單純踏實不躁進，把手中工作做好。然後，靜待時間改變局勢，慢慢降噪並排除雜訊，直到你被看見。

面對溫情與善意，禮貌回應，但不求親近

那年，我在爭與不爭之間，終究走出了自己的一條路，既爭，又看似不爭；無為，便是有為。放心，屬於你的，最後你將終有所得，時間到了，它會雙手奉上。你會發現，爭與不爭，有了全新的詮釋。說到這裡，讀者可能覺得，憑什麼職場遊戲規則，總是由我說了算？是的，**擁有工作主導與話語權，這是我成為職業經理人之後畢生追求的境界**，而接下來，就是我要講的故事。

憑藉著台中鳥日子在媒體上熱烈曝光的效應，我的工作定位有了定錨、找到施力點，終於初見明朗。也就在我做出成績後，謠言耳語漸漸消失，別人看我的眼神，也不太一樣了，但我並未立刻迎上前，擁抱所有人的善意，依舊刻意與大家保持距離，獨來獨往。**我沒有太多時間去逐一回應所有人的溫情善意與詢問，我禮貌回應，但不求親近**。說實話，我反感於將時間蹉跎在這些職場小確幸中，只用工作績效為我發聲。

時間很快來到二〇一四年，承億文旅旗下的第四間新館「桃城茶樣子」即將開幕。台中鳥日子的品牌宣傳暫告段落後，我旋即開始籌備桃城茶樣子的品牌計畫，工作強度極大，節奏從未慢下來過。

所有大小事我都獨自包辦：準備資料、撰寫新聞稿、安排媒體採訪與接待，偶爾還有前文敘述的「瘋狂應酬」要對付。另外，我也開始嘗試與外部品牌合作，自己商談、企畫、執行，校長兼撞鐘，但我不以為意。後來回想，當年自己的行徑有點變態，像是抓到了機會，**為了那個過去一再被看輕的自己，想追回不甘、非要證明什麼似的**。過程中，當我展現出能力時，外人看來理所當然「做品牌本來就是你拿手的，做來輕鬆，信手拈來」。然而實情是，在資源最匱乏的情況下，幾乎沒有預算、沒有團隊，我只能用更多時間、體力與精力，讓一切看來模有樣。

這感覺很像是，你的暗戀對象說：「好想去看某個熱門演唱會，但票真的很難買。」為了討對方歡心，你說：「沒問題，我有門路，幫你弄幾張來。」但事實上，你只能跑到便利商店，連夜等在售票機前，為對方一再刷新購票頁面，把票買到手，**看到結果之後，就沒人會在意或再追問過程了**，只覺得你真有本事。

「若表現不如預期，不用等公司開除，我會自己走人。」

很長一段時間，中午時段我會蓄意與大家錯開用餐時間。因為我真的很討厭那些辦公室的婆媽對話。記得當年，我曾連續一週，午餐都吃同一家的中碗雞肉飯，配同樣的味噌湯，坐在同個角落的位子，聽同一時段的廣播。隔週，再去另一家雞肉飯，再吃一週，反正嘉義賣雞肉飯的店家非常多，輪也輪不完。我會趕在店家中午休息前入座，聽著他們一邊洗碗收拾、擦桌、閒聊。店家休息前的吃飯時光，留我在一旁安靜地咀嚼，襯著靜謐的嘉義小鎮午後，總是有涼涼微風，些許寂寥。事後，看到那段時間的臉書回顧，每張照片裡的自己，都憔悴得像鬼一樣，當年身在其中，卻渾然不覺。

桃城茶樣子開幕前幾天，我忽然被叫至戴女士的辦公室。戴女士與另一位主管同仁，開宗明義，**希望我在桃城茶樣子開幕活動結束後，重新接掌行銷企畫部門**。我盯著她們熱切的臉孔，那場分手擂臺的混亂，又在腦中不斷湧現。行銷企畫部門雖然有了新主管，但團隊依舊以一種震顫混亂的狀態前進，如今，這位新主管也要離職了。我看著這個曾用力背叛過我的職位，現在卻熱切地對我招手，就像莫文蔚的那首《陰天》一樣：「一人掙脫的，一人去撿。」

禁不住眼前兩位主管的熱情遊說，我想了想，開口「威脅」她們——不是搶劫，也不提加薪，我只談一個條件：「**我要有絕對主導權，也必須對我絕對信任。**過程中，除了直屬主管，任何人不得置喙干預。在這個位子，我給自己一年時間，自覺做不好，或不如我預期，不用等你們開除我，我會自己走人。」

終究，我花了兩年時間，在初次證明了我的工作能力後，拿著這段期間累積不算多的談資，為自己的生路做出爭取。戴女士雖然給我極大的支持，但我的內心仍不覺狂喜，盯著她們倆笑咪咪的臉，我像是創傷症候群般惴惴不安，不知未來是福是禍。

數天後，桃城茶樣子以百人茶席形式，挾著最多公眾期待與關注，熱鬧非凡地被簇擁著，風光開幕，成為嘉義當地最大盛事。現場吸引了包括網路、雜誌、報紙、電視等媒體，超過四十家以上；承億文旅友好的商界政要人士也齊聚一堂，熱熱鬧鬧。我將戴先生與戴女士介紹給所有媒體採訪與拍照，喧鬧的大廳現場，所有人高聲熱切地交談。那整個週末，全嘉義幾乎被桃城茶樣子的開幕消息所覆蓋，承億文旅的品牌聲量來到顛峰，並持續大篇幅地報導、發酵。

午後記者會結束，陸續送走北部媒體，逐一派車送往高鐵站，圓滿結束。折返大廳，見到行銷企畫部門的同仁，堆滿笑臉地在合照，我隻身遠站在一旁，不打擾別人興致；突然一陣強烈的飢餓感襲來，我才想起從早上到現在，只喝了一杯黑咖啡，突然好想去吃碗雞肉飯。

睽違一年多，重新以品牌長身分帶領團隊

一週之後，人事命令發布，**我成了承億文旅的品牌長**；公司也依照我的需求，把行銷企畫部門更名為「品牌發展處」，正式邁向新進程。上回離開這個單位已過了一年多，這回，我重新帶起團隊，除了感謝戴女士的諸多眷顧，我更明白，**承億文旅這個品牌，除了我，沒有人能做得好；因為這一切，本來就是屬於我的。**

孤獨力高級修煉　第八課：

● **第一步：** 談爭與不爭之前，先論自己是否已攢夠談資。談資取決於兩種來源：**在老闆心中的正面良好印象，以及日日精勤的工作成果**，而後者占更大因素。就在日常中努力得若無其事，讓談資持續累積。有天，時光會給你回報，屆時，你也已足夠強大。

● **第二步：** 當你明明不爭卻仍獲機會時，就讓自己成為具有主動談判籌碼與決定權的人，因為當你接受的那一刻，就成了決定成敗的關鍵；而在設下這些降噪條件的同時，只是在確保雙方都能因這項決定，提高做出成果的機率。你是在幫助自己，更是在幫助企業，所以，別輕易放棄這項權力。

● **第三步：** 別因為害怕職場中，所有挫折與磨難都只是白受罪而趨避。當你經歷了，所有歷練都將內化成個人的無形資產，終將壯大你。

◉借位思考：

媒體與品牌的關係營造，我一個人從零開始

——隱身在品牌後的操盤手，甘願做個沒有聲音的品牌長

這個篇章，我想和各位深入聊聊，職場中，關於孤獨與餘裕之間的關係。作為職場裡的孤獨修煉者，應當成為一個「無我」的存在。**表面上看似與人疏離，卻也因為深刻自處這項修為，更能透視人心、洞悉周遭需求**，進而能在適當的商業合作時機，尋得契合之道。此外，當你不存在固化的主觀意識時，眼前所見所及，皆有萬般可能。**無我，就像在思想上跳脫自我，解離成為一個第三方**，能令人更持平、中性客觀地看待事物，同時做出更有益雙方的判斷與取捨，合作雙方最終彼此互惠、成就，無論是生活或工作，這都是一種美好至上的境界。

而從餘裕當中所引申出的積極性意義，就是借位思考。身在職場，借位思考是很重要且精妙的思想鍛鍊。簡單來說，就是**先替對方著想怎麼做最好，同時，又**

能達成自己的需求。只要在這個前提之下思考，事成的機率將大幅增加，且適用於各種合作對象。簡言之，借位思考這件事並不繁瑣，只是腦袋中的主詞換一下而已。**先想對方好，自己也能好，那就太好了。**

除了抱怨，總還有別的事情可以做

本節故事的時空，要回到我剛被戴女士收編，轉任品牌協理的那段期間。由於承億文旅總公司位在中南部，而非媒體熱區的臺北；再加上品牌毫無名氣，初期並沒有太多行銷預算可買廣告。於是，我總被迫在什麼資源都沒有的情況之下，想盡辦法完成一件事。換句話說，對當年的我而言，借位思考其實是不得不發展出來的一種生存對策。寫到這裡，我又想起戴先生當年常掛在嘴邊的一句話：「不要怪天氣不好，天氣不好，就把身體鍛鍊好啊。」是的，**除了抱怨之外，總還有別的事情可以做。**

想了幾天後，做品牌，我決定先從公關做起，先為品牌掙點名氣。但該怎麼引發媒體對承億文旅產生興趣？可能得**先建立一個媒體資料庫**，先分媒體屬性，包含電視新聞、雜誌、電臺、網路媒體，再按地區分類，從零開始，慢慢統整。

記得當年敲下第一張 EXCEL 表，我興奮了五分鐘不到，便望著一整片空白表格發呆，心裡有些茫然。接著，我回想起早些年，在廣告公司任職業務時的陌生開發。忽然，我像是開竅一樣，**那就把公關推廣，當成帶業績的業務工作吧**。首先，我先把可能的新聞媒體素材分類：談創辦人、談組織創新管理、談文創、談建築設計，談品牌創意、談感動服務，素材縝密多樣。並根據媒體屬性，逐一準備對應的溝通內容文本，**先幫媒體想好、為其報導類型量身訂做適合的切入點，做好媒體服務**。同時，那些年，我持續大量閱讀臺灣線上線下所有生活旅遊類的雜誌與媒體，牢記每位生活旅遊記者的名字，再想盡辦法透過各種方式聯繫。

把高鐵當計程車搭的公關人生

那時，我還練就了**聽聲辨人**的功力。凡是曾通過電話的媒體單位，電話一接起來，光聽聲音我就能知道是誰，並搶先喊出名字；曾見過面的，我也能清楚記得彼此談過什麼話題，一切都像是本能般自然。**那段時間，我腦中同時強記了一、兩百位以上臺灣媒體人的名字**，包含其任職的媒體。我一個人負責這項業務，每天不斷打電話、講電話、寄電子郵件，並親自接待。

同時，逢年過節送禮，也是考驗我體力的時刻。每年都要準備上百份的年節禮盒，每份都會附上我親手寫的卡片，收件人不同，內容也不同。年年總有這麼儀式感的一天，我會花一整個下午，把百來張卡片寫完，寫到差點手抽筋，整支筆的墨水也被我寫乾了。

之後，**像是什麼神祕的開關被打開了一樣，承億文旅的聲量開始湧現**，在台中鳥日子開幕記者會上，看見了初次的成果。繼續密集努力半年後，承億開始接到各方熱烈的採訪邀請，從未間斷過，也正式開啟我忙碌的公關接待人生。

那段時間，我幾乎每週都有二至三個以上的採訪。經常同一天，早上我還在新北市的淡水吹風接待，下午就出現在台中鳥日子。也常常在嘉義商旅接待完媒體後，便驅車前往桃城茶樣子。**當年的公關人生，我幾乎是把高鐵當計程車在搭**，在各分館間奔波。就這樣，每月至少有固定八至十則以上的媒體曝光，承億文旅品牌聲量持續走揚，而每篇報導背後，都有個被翻來覆去折騰的我。

謝謝大家接力到嘉義來看我

承億文旅與媒體的關係，就好似老友一樣。媒體朋友們一組一組、不辭勞苦地南下來到嘉義。如果有時間，我會親自開車前往高鐵站或火車站迎接。並隨著沿路風景，做一趟城市導覽；或是如數家珍地，為媒體朋友們說說關於嘉義的故事。有時，我也與他們分享戴先生白手起家的創業歷程，氣氛輕鬆愜意。畢竟，比起臺灣其他縣市，多數人並不會特意來嘉義。當年，也總有媒體對我說：**他們生平首次嘉義採訪之行**，**就獻給承億文旅了**，每每聽得我十分感動。採訪結束前的場景，總是夜裡大夥聚集在桃城茶樣子的頂樓酒吧閒聊，酒精在流動的血脈裡竄動。有時我會恍惚覺得，媒體朋友像是接力般，來到嘉義陪伴這個孤獨的我。心底，有最多最多的謝意——謝謝，喝吧，我們喝吧。

媒體公關體系漸漸穩定後，我同時也以品牌長身分重掌行銷企畫部門（品牌發展處）主管一職。在這當中，我逐步把公關事務交給其他同仁處理，自己則再次回到本質面的集團品牌發展上。這時，各大企業團體與大學院校，也隨著承億文旅知名度水漲船高，紛紛上門邀請講座分享。對我而言，做講座與分享也不是難事，只是在我的思考上，我認為，**應該多讓創辦人直接對外界分享承億文旅的初衷。**所以，我為戴女士規畫了一系列從北到南的巡迴演講，很謝謝她願意一場又一場，宣揚承億文旅的品牌與企業文化。而我總是微笑地站在一旁陪著她，等待講座結束後，便提著裝有馬克杯與住宿券的禮物袋展開有獎徵答。

曾有媒體好奇我的生平，我一律低調以對

隨品牌越來越出名，「承億文旅品牌長」這個頭銜，好像也成了一座冠冕，而且越戴越有價值。坦白說，有不少媒體開始對我個人的生平感到好奇，並提出採訪邀請。這使我開始思考，人在職場中，究竟是要放大自己，還是縮小自己？也許

是我孤獨的性格使然，最後，我仍選擇低調以對，情願做個沒有聲音的品牌長。低調並非矯情，而是我認為，**一個企業的品牌主體，從不應是品牌的推動者**，所以我從未以品牌長的身分，發表過任何一篇以我個人為主的專訪；頂多為了宣傳品牌，而在各種發布活動上稍微亮相，這已是我的極限。但我更明白的是，當某天承億文旅能被公眾所廣泛認可時，終將不言自明地，為我無聲證言。

除了孤獨性格使然之外，職位對我而言，只是企業為了要讓我做這份工作，而賦予我的一個身分，它的本質，仍是一種虛妄的存在。我從沒因此恃寵而驕或迷失。**有天當我必須離開時，我還是得好好地，完整無缺地，將這個職稱還給企業。最後我所擁有且能帶走的，是過程中累積的實力**，那才是屬於我個人的。這樣的想法，好像有些異於常人，我卻將其視為某種行事哲學般，低調做事，日日奉行。

回顧這段在承億文旅的公關人生，雖然過程中，也曾多次遭遇惡意、冷言或被狠掛電話。我始終表現得若無其事，並未真正受傷或挫敗，**我只是盡力給出最多餘裕、同時迎來更多可能**，由得我慢慢地從中淘取成果，最後，我也確實得到了豐厚的收穫。說到底，承億文旅所獲得的外界讚譽，都有著所有長年在各自崗位上努力的團隊成員，**我不過是負責把眾人努力的成果，讓更多人知道罷了**。攢足名氣之後，承億文旅的下一步，就要進入我顛覆傳統旅店業的行銷窠臼，這是我暗自計畫已久，關於品牌的新實驗性時刻。

孤獨力高級修煉　第九課：

- **第一步：**跳脫主觀意識，並以互惠作為思考的出發點；**先充分理解對方的需求，同時思考如何順勢完成個人需求，讓借位思考成為最佳介面**。儘管看似不忮不求或很花時間，有時卻能意外地加快事成的速度。
- **第二步：**借位思考之餘，在所有關係裡，把自己放到最小，讓出自己的主觀意識，把餘裕留給所有人。勤懇地為所有人服務，事事放在心上，讓自身能成為職場中，最能充滿信賴感的存在。
- **第三步：**不役於頭銜，稱謂都只是虛妄；你只需要看清本質面中最孤獨的自己，不求過度放大自身在團隊裡的存在，盡本分並低調永遠是上策。

◉源源不絕的瘋狂創意念頭

——所謂做品牌，標準是什麼？答案是：沒有標準

回首這些過往，我感到萬分慶幸的是，當年承億文旅在傳統旅店業之外，以文創旅店的新派姿態，成為了獨一無二的存在；在沒有老飯店包袱習氣的情況之下，擁有極好的契機，可嘗試許多品牌創新模式的思考與推進。身為品牌主理者，我總是以「解構」的方式，來思考旅店業的最多可能性與漸變。

那段時期，我從與核心團隊成員大量的對話之中，逐步分析與淘取，並對旅店本身這個物理性的存在，進行深度思考。當然，我也從戴先生與戴女士的對話中得到諸多啟發。我意識到，旅店是物理性空間，除了讓旅客「住一宿」之外，也更能是一個**多功能載體**，它的可能性應該更多才是。如何能讓空間產生最有創意的最大價值呢？為此，我的下一步，便是進行「內容開發」。簡單來說，就是透過各種系統性的做法，持續開發品牌內容，讓「文創設計旅店」這個名號，變得更加名正

言順，並持續增益品牌價值。而在過程中，我向來只有一個原則：**我不做發明，我只做創新。**

把工作融入生活，讓兩者相互為繼

我的創新不是從模仿開始，而是**在當代各類創意基礎上做些異變、進行要素增刪、添加有趣元素，或是從表現形式改變，就能產生顯著新意，且極具時效。**再透過持續宣傳與主張品牌，創新就漸變成了原創。作為一個職場上的孤獨修煉者，每一天的日常，無時無刻，我都在捕捉所見所聞中，靈光一現的創意，並思考落地執行的可能性，從沒停歇過。雖然每天工作龐雜忙碌，但腦袋中能做這些碰撞與發想，還是挺有些意思的。於是，我又想起戴女士常說的：「工作是生活的延伸。」文化創意原本就不是一種定點定向般的蓄意存在，而是出現在生活中的各種微小日常裡。而我總是讓自己在思想上持續鍛鍊，以商業價值為思考前提，日復一日，伴隨著承億文旅這個品牌成長，生活，也就有以為繼。

以旅店為平臺，能結合的內容竟出奇地多

當年承億以「文創設計旅店」闖出品牌定位後，我身為品牌長，接下來更多的思考是，該如何才能讓文創設計旅店的內涵更扎實、更有正當性與充滿值得探索的底蘊，以及，又該透過什麼方法實現，滿腦子浮想聯翩。

承億文旅的品牌層次上，已超脫「住一宿」的物理性提供，而是**透過「旅宿」這個行為手段，成為一個「介面」；並以平臺形式，擴大實踐在地文創旅行體驗的各種可能。**

而當我把承億文旅視為一個平臺的時候，下一步要思考的，就是能放什麼東西進來，其實能放的東西可多了。當年團隊中有一位藝術長黃老師，對於藝術有著非常高的審視標準，同時，她也是我品牌創意的謬思。她創立了承億文旅知名的「藝術客房系列」，並訂立了藝術展覽的常模規範，為品牌的文創底蘊奠定了良好基礎。而當我以品牌角度進一步思考，**如何將這些活動，形塑出更多商業價值，並具有外部性、導流量，產生更多觸及——想到這裡，就一發不可收拾了。**

在「以旅店為平臺」的想法基礎上，我將原來靜態的藝術展覽，進一步轉型為**與臺灣新銳文創品牌合作，以品牌聯名的概念，邀請他們進入承億文旅，進行推廣與展售**。我承繼戴先生創立承億文旅品牌的初始理念「年輕人實踐夢想的基地」，同時把他們的需求，轉變成我們的供給。**臺灣不乏很棒的文化創意，只缺被看得到的場域**，要不，就讓承億文旅，來成為這樣一個平臺角色吧。

於是，每一季與每一間分館，都有臺灣許多新銳文創品牌爭相進駐，要我們為其策畫與宣傳。如此一來，來訪旅客能在大廳休憩時，輕易便觸及這些文創品牌的創意商品，玩賞，並得以售賣。當年受邀展出的品牌五花八門，有本地洗沐浴品牌、臺灣小農茶品牌、木製文創小物工藝品牌、手繪明信片等，連臺灣在地手工冰淇淋品牌都有，一整個臥式冰箱就橫擺在大廳。

承億文旅免費提供場地，僅從這些文創品牌的銷售營收裡，酌收些許場地維護費。在這個過程中，他們的能見度提高了，也豐富、增益了承億旅客的休憩體驗，可說是一舉雙得。於是，往後每次的策展，都再再深化承億文旅的品牌內容，變得越來越扎實。

音樂又沒長腳，是要怎麼「走進來」啦？

此外，猶記得當年，某次戴先生在會議上的一句話，差點沒把我整死。他非常瀟灑地說：「我們要讓音樂走入承億文旅。」我呆望著他，心裡忍不住吐槽：「那麼，音樂是有長腳嗎？」

當年，在沒有多餘預算下，要怎麼實現讓音樂走入承億文旅？怪才如我，又想出了奇招。一般來說，旅店業常播放的是公共空間音樂，得先從公播系統業者手中取得授權。這些公共音樂不是聽起來很空靈的水晶音樂，就是既煽情又廉價的薩克斯風爵士樂，千篇一律，令人意興闌珊。

我知道臺灣有很多出色的獨立音樂廠牌，擁有很好的選輯品味，除了代理，本身也有獨立製作。當年，我找上了**臺灣知名的獨立音樂廠牌「小白兔唱片」**，談**妥合作模式**，從小白兔唱片所發行的作品中選輯、取得授權後便公開播放。同時，承億文旅提供免費住宿券，小白兔唱片的歌手們在全臺灣巡迴演出時，便能免費入住承億文旅，就這樣完美達成雙贏。後來，各個分館，都開始播放非常時髦與舒服的臺灣原創音樂，每當我前往分館洽公，坐在大廳聽著自己精選的音樂，心底總浮現出一股無上的滿足感。

獨立品牌巡迴唱遊，也請唱進承億文旅吧

然而，這樣似乎還不夠，我又突發奇想，想在旅店內舉辦**不插電演唱會**。但依舊苦於預算不足以及「要找誰來唱」的困擾中。後來，透過輾轉關係，我聯繫了**臺灣非常出色的獨立唱片品牌「風和日麗」**，又非常恰巧地，該唱片公司正好在籌備「小屋唱遊」的計畫，其原型是邀請歌手巡迴走唱臺灣特色咖啡店，我靈機一動，何不也來設計旅店唱遊幾場呢？同樣的，承億文旅也提出住宿贊助，於是乎，順利促成了那次非常美好的合作。

那年，風和日麗一連在承億文旅舉辦了好幾場巡迴演出，我印象最深刻的，是當年被安排前往「淡水吹風」唱遊的獨立樂團「光引擎」。當晚工作團隊安靜地將設備安排好，一切就定位，女主唱美麗溫暖的歌聲，就在淡水吹風大廳揚起。陸

陸續續，來往經過旅客駐足，在沙發區坐下，而淡水吹風附近的社區住戶聽見歌聲，遛狗的年輕情侶、學生，也都被吸引至門口駐足聆聽。見狀，我立刻站起身走到門外，邀請他們入座。不一會兒，小小的大廳熱鬧地擠滿聽歌的群眾，沉醉在歌聲裡。我低調地站在一旁角落，環視著所有人，想來**自己的工作，能帶給人如此溫暖的感受，真是人間至福。**

與名牌提袋 PORTER 跨界合作，再次引爆話題

而在系統性的品牌與行銷活動之外，實驗性的創意合作，我總是不厭其煩，並樂於嘗試。如果讀者曾持續關注承億文旅，一定不會忘記某年承億文旅與知名提袋品牌「PORTER」聯名合作的品牌客房。

當年我創想的這個合作非常有趣，很感謝 PORTER 願意支持承億文旅如此無厘頭的創意。我們花了些許預算，將台中鳥日子的一間客房，以 PORTER 品牌元素重新布置裝修一番，**小到連一個馬克杯或擺飾，也標上了 PORTER 元素**，連客

房內也有PORTER當季新款的背包、提袋供旅客體驗。最後，就成了非常時髦的PORTER品牌客房。

總之，這是一次非常具有實驗性質的品牌跨界合作，當時吸引臺灣許多媒體爭相報導，為雙方品牌知名度賺到不少曝光，也讓一向愛用PORTER的廣大年輕客群，一併認識了承億文旅。**該活動為期了一季，天天都有人入住體驗**，而這間客房每賣出一次，就會從客房收入中提取固定比例，捐贈給嘉義慈善機構，成為此活動完美溫馨的收尾。

從線下整合到線上，自己的客房自己設計

有了這次經驗後，品牌開發團隊成員們又突發奇想：能不能讓旅客客製化自己的客房？聽來好像也有點新奇。如果能將體驗從線下整合到線上（Ｏ２Ｏ），似乎更能完整呈現承億文旅的品牌體驗，**而且重點是，這件事還沒有人做過**。

而那年，團隊正好拿下經濟部商業司數百萬元的商業補助計畫，沒多久，大

夥即開始熱血實踐「自己的客房自己設計」這個瘋狂念頭。我們也在這次的計畫中，再次與臺灣數十家文創品牌業者合作，並採購其文創商品，作為旅客布置的多種選項。有整套漫畫、各式桌遊、抱枕、洗沐用品、在地伴手禮、甚至連肩頸按摩器都有，可說琳瑯滿目。旅客只要在線上完成客房設定、付費完成訂房後，入住日打開門一看，就是自己所設計的客製化客房。

這個計畫甫一推出，立即吸引了媒體大肆報導，也湧入許多想體驗嘗鮮的旅客，成效斐然。這種夢想成真的感覺，還真是滿痛快的。**當年臺灣各類旅店業，所沒想不到的、感覺似乎做不到的、看似不可能的，承億文旅全都做到了**。後來，陸續出現很多同業競相模仿，我也只是淡然地瞄了幾眼，沒花太多心思去搭理，就去繼續忙著發想下一個創意了。

那幾年，在我們玩創意玩出口碑後，承億文旅作為一個「內容開發平臺」的自我期許，名聲與底蘊，臻至此刻，總算有所收穫。你以為到這裡就結束了嗎？不，**當年我像是發了狂似的，不斷地在為品牌尋找可能性**，接著建構、增益，像是持續在替承億文旅添柴火一樣，就是要讓它不斷發光發熱。

孤獨力高級修煉　第十課：

- **第一步：**無論在生活中或職場裡，面對問題或挑戰，別一開始就掉入眼前窠臼，**首先你該思考的，是解構。**將慣常以為理解的現象倒過來看、翻過來透著陽光看、泡在水裡看看，試著用不同的視角解讀，絕對會找到更多可能性，**這會協助你順利繞過困擾，找到解決契機。**
- **第二步：**解構之後，在發想每一種合作關係時，都像堆積木一樣，碰一碰、敲一敲、疊一疊，多方碰撞嘗試，而不必侷限於你總是能想到的，或是別人已經做過的。
- **第三步：不做發明，只做創新**；盡力找出能激發價值的關鍵點，只要一觸發，便能星火燎遠，遠比你閉門造車來得更有效率。

怎麼到處都看得到你們的品牌啊？

——當時我最愛講：「歡迎來找我開房間！」

生活中或職場上，當你審視一項事物時，無論眼前事物新舊，初始時以批判與解構的心態切入，是很重要的，即是人們常說的「獨立思考」能力。保持質疑，能讓心性更警醒，然後持續印證，並在過程中保持最多彈性與可能性，直到逼近結果，滿足或符合最初的期望設定。更甚者，獨立思考背後，如想再有更積極的作為，**下一步，就是「跳脫框架」，然後，「再跳進來」**。說到這裡，讀者可能以為我在故弄玄虛。而當年承億文旅讓一個完全沒有旅店業經驗的我擔任品牌主理，我想，這就是一種最大的跳脫框架吧。

因獨立思考而有了主張之後，第一步，是自我擊破，也就是反過頭，**在可能被別人質疑之前，搶先自我質疑，全面透視自己想法的成熟度；當被人挑剔的時候，搶先自我覺察破綻會在什麼地方出現**，開始修補或調整，直到這個想法成熟並相對可行，再訂下目標。訂下目標後，就開啟資源接觸與發動，汲取想要的資源，放進來借力使力，進行整合；組裝完後，再跳進來，全力推進。以及很重要的，別忘了「先為對方著想」，如此一來，各環節都能思考周到。

不循常規走出來的路，通常都十分鮮明

經濟學常言「資源有限、欲望無窮」，我稍微改了一下，「資源有限，整合無窮」。當年想通這個關鍵後，頓時思緒大開，也開啟了承億文旅品牌創意的最大可能性。於是，我深刻體會，**不循常規走出來的路，通常都十分鮮明**。而當時沒多少人知道我為什麼要這麼做，那些不被理解的、覺得奇怪的，在我離開之後，都明白了。

寫下本書時，我一直想倡言的，是如何秉持孤獨，在職場上發揮作用。作為職場上孤獨的修煉者，「孤獨」想表達的是：不抱團取暖、不走常規路徑。所以，**所有瘋狂事物被產生的背後，其實，皆有著自身最深刻的實驗性思考**，沒有前例可

循，又得冒著失敗的風險，實在是吃力不討好，因為無法被理解，所以才孤獨，而這是一種自願性選擇。

文創說到底，還是得奠基在商業行為之上；這是一門生意，還是有一本帳要算。如何讓投入與產出之間，成本效益極大化？這件事，始終是我所有思考的原點。我深刻認為，品牌主理從不是假扮嘴上說說、衣著光鮮的專家，畫畫圖表、指指點點，光寫些高深精妙的專業文字就夠了。當被問到下一步該怎麼做時，一開口就是要一大筆行銷預算，若沒錢，這些計畫就做不成，那跟討債鬼有什麼兩樣？就我的觀點而言：**先理解目標在哪，再回過頭盤點手上有多少資源**，而如何在過程中，讓價值發揮到最大？「創意」是最棒的觸媒。

事後我常回想，當年在沒太多預算的情況下，都能做得如此轟轟烈烈，如果有了預算，那還得了？所以，**「創意」真是我當年最大的價值性資產**，有了創意，再加上充滿互惠感的出發點，後來，無論再怎麼難以想像的合作提案，對方竟都能被我打動並欣然首肯，有時也覺得挺不可思議。

零食、啤酒、香水、保養品、藥妝，何處不文創？

後來，承億文旅的聯名合作，帶著商業價值含量，猶如鋪天蓋地般，滲透進全臺灣各行各業當中。「怎麼到處都看得到你們的品牌啊？」那段時間，我常被親朋好友這麼問，然而，一時半刻也答不上來，只能調皮地回應：「歡迎來找我開房間呀！」

該從哪一個部分說起呢？長期以來，我觀察臺灣的旅店業生態，幾乎無一例外，皆與外部訂房管道產生了一種不得不的依存關係，如果不往大型訂房平臺靠攏，幾乎無法獲得較穩定的訂單，更無法擴大營收。於是，當年的我一直思考更多可能性，**想繞過這類以價格競爭的訂房平臺，避開被索取高額佣金，轉變成一種以品牌價值的姿態，與目標顧客溝通、交易的存在。**而對異業業態的合作方而言，則能以整合、互惠、雙方無痛的方式產生加乘效應。

有鑑於此，我先從小範圍合作開始嘗試，首先與臺灣零售品牌合作，**以廣告交換的形式**，拿著住宿券與異業品牌進行商品交換。通常一定數量的住宿券，在雙方合意下，能換到等價等值的合作商品，數十份，甚至上百份。然後，再將得來的產品，進行活動商品策畫，推出創意住房產品方案。而品牌聯名活動的訊息，可在雙方官方通路與社群平臺擴散，促成了跨產業創意合作；合作品牌也能以承億文旅的住宿券，於社群平臺與品牌顧客互動，也等於將承億文旅介紹出去了。

那幾年，承億合作過的品牌幾乎無所不包：零食、啤酒、香水、保養品、藥妝、文創小物等，透過聯名，雙方的品牌都得益了。那幾年，我只要開車在路上或逛著超商，看到「這個好像也可以合作」的品牌，就會記在腦海裡，回頭就趕緊積極接觸。

積分點數沒地方花？那來承億住一晚吧

小規模合作顯出成效後，我又突發奇想，合作深度如果能**滲透到對方會員或通路體系中，品牌推廣的效果應該會更加乘**。於是，我又著手新一波品牌合作策略。在雙方推出新一季商品或新活動企畫時，共同設計折扣券或體驗券，然後，在合作方的通路進行發放擴散，或給予聯名合作的會員專屬優惠，達成雙方會員相互圈黏及流通的效果。

當年承億合作過的品牌，包含王品、HOLA、日產（NISSAN）、神腦國際、FILA、PORTER等，不勝枚舉。因此那段期間，我們掙取到相當大量的品牌擴散與觸及，也帶來了住房營收提升，可謂一舉兩得。

在這之後的某日，我半夜睡不著，獨自溜到住處附近的超商買關東煮。坐在超商窗邊座位旁，無聊地看著剛才消費獲得的積分點數，忽然，我又將腦筋動到「貨幣體系」念頭上。市面上這麼多品牌，都推出積點換購活動，兌換商品琳瑯滿目但又千篇一律，漸漸失去新鮮感了。「要不，讓承億文旅幫忙大家把這些點數消耗掉吧。」於是，我們又創下旅店業先例，與全聯、HAPPYGO、誠品等大型知名零售通路品牌合作，憑著會員點數折換的代金券，再稍微加些價，就能換取入住承億文旅。活動一推出，瞬間又引發熱烈的換購熱潮。

不僅於此，承億文旅也首度在旅遊產業體系進行向上整合，與旅遊體驗品牌「KKDAY」合作，消費者購買KKDAY規畫的套裝體驗行程，行程內綁定承億文旅的住宿產品，再配合高鐵聯票套裝方案：玩、住、行體驗，一站式全包，產業整合而產生的綜合效果，也是臺灣首例。

把《等一個人咖啡》、《六弄咖啡館》搬進旅店

而在這之後，承億文旅也將跨界合作的觸角伸進了電影圈。某年暑假，我們與九把刀的電影《等一個人咖啡》進行聯名創意合作，將電影中的主場景咖啡店，在電影熱映期間，**於台中鳥日子大廳還原重現，引發許多旅客拍照打卡體驗。**同時推出「訂房就送電影票」的宣傳，限量電影票很快就隨著訂房熱潮被索取一空。

除此之外，我們也與電影《六弄咖啡館》合作，將電影拍攝道具直接帶進後期的新品牌「承億輕旅」（後段有更多相關記述），舉辦一場策展，並邀請導演前往旅店進行講座分享。上映期間，更同步推出「憑票根入住可享住房折扣」的創意行銷。各種不按牌理出牌的奇招，總讓同業瞠目結舌。

就這樣，由內而外，我在創新之路上努力好幾年，終於獲得品牌美譽，也助

益了營收。但坦言，旅店的營利模式，仍無法完全從傳統業務體系的窠臼中扭轉。不過，透過持續的創新淬鍊，承億文旅的品牌，已展現了前所未見的極高度差異，並確實獲得了出色成果。說實話，**這種所謂整合策略，其實，都像借東風般，實在有點狡猾。**而在承億文旅慢慢闖出名堂後，也開始有許多新創文創品牌，上門拜訪希望合作。懷著一種報恩心態，我也總是用最敞開的心意，盡我所能成就對方。

當自身蔚為趨勢時，你就是主流

由於承億文旅的總公司在嘉義，不知為何，我內心一直想方設法，極力想把自家品牌帶進主流領域，獲得廣泛性的公眾認可。然而，到了後期，我開始反問自己：**我心目中所謂的主流是什麼？**在哪？要怎麼帶？為何非要獲得主流認同才有價值？在承億文旅漸漸被各界認可時，我才深切體悟，**當自身蔚為趨勢時，原來，那就是主流；**一心孤獨、隻身獨行，最後，你就會看見一片專屬於你的獨家美景。

這幾個篇章分享的故事，策略思維的濃度很高。在寫作之前，我重新自我梳理了一番，終能完整地呈現了在承億文旅那六年主要的品牌策略脈絡。

而上述這些使用過的招數，我想，之後我也不會再用了。

孤獨力高級修煉　第十一課：

● **第一步：**所有的創意生成時，請先克制見獵心喜的想法。**創意如果不能透過策略確實落地，終將缺乏商業價值，毫無意義。**所以，自我擊破是重要的。長期持續鍛鍊，你將反射性地避開刻板誤區與思考窠臼，讓思慮越來越成熟，產生節奏與效率。為每場策略思考找方法，便能更快產出績效。

● **第二步：**整合的基礎，必須先以雙方互惠為前提，先借位思考對方的需求，是否能與自身的不足互補，再產生合作行為，別忘了我常提到的，就留給對方最多的餘裕。

● **第三步：**別害怕與別人不同，也別害怕嘗試。**那些孤獨的總和，都將以不同的面貌成就你**，我就是你眼前最好的例子。

先是旅店，又是書店

——什麼都能做，什麼都不奇怪

投入職場多年，無論身邊人事物的場景如何轉換，**我的某種精神性感官，始終維持某種抽離的狀態**；雖然肉身投入於職場，但思想上，卻是以一種極為自我的體系與方式在運作，從未被外在職場環境所影響，役於所有之上。然而，一旦在這個職場，找到值得努力的價值與可能時（例如確立了彼此關係之後），就會從中發展出非常濃厚的歸屬感，以及滲入血脈般的責任感。之後，**我會開始毫無保留，不計代價，給它所想要、支持它所需要，傾心傾力**。說來也有點有趣。在意識上，我會把公司當作是自己開的；既然是自己開的，無論做什麼，都是為了自己，還有什麼好計較？

面對自己這樣有些奇異的職場性格思想，過去還很年輕時，我始終無法找出一種正確說法去詮釋它。而隨著年紀漸長，我逐漸明白，原來，**我只是嘗試在每一段職場關係中，找出某種層次的主導意識，企圖化主動為被動。**先與自己達成共識、確立目標，無論後來發生多少變化或產生何種困境，對我而言，都是不成問題的問題，因為這是我自願選擇的，就坦然地接受所有後果。

多學一點、多經歷一些，你會更有談資與本錢

對照當代另一派對立面的職場說法：「你沒領這麼多薪水，何須替老闆擔心這麼多？」或是：「你不計較工作多寡，就會被人欺負，所有的難事都會往你這裡丟，軟土深掘，要做一個聰明的職場人。」還有的人，會積極鼓吹勞工們仇視資方，始終懷著一種激進心情撻伐職場、斤斤計較，直到再無力含恨，最後不明不白地過完人生。而作為一個孤獨的職場修煉者，其實，我們只需要想得直率單純：**多學習一些、多經驗一些，難保以後用得上，多累積一些將來的談資與本錢，有好無壞，**就這麼簡單。都來走這一遭了，總要做些付出、拿些東西（經歷或閱歷）走

吧？如果老是把時間花在計較或抱怨，那人生多無趣，對誰都沒好處。

而我，至今仍在職場歷程上持續歷練，也隨著年資逐漸墊高年薪，就像是做股票或債券投資般，得到了合理且還算滿意的報酬，也將每一段職場經歷，都確實深刻地體驗過了。所以，我一再想透過本書，啟發讀者們顛覆性的思考與理解，**就算對價值觀動了改弦易轍的念頭也無妨**，就學著用你自己的方式去理解職場。職場從沒有什麼定向、固化、刻板的詮釋方式；**它是什麼樣子，源自於你把它想成什麼樣子**。沒有誰比誰聰明，也沒有誰的方法絕對正確或絕對錯誤，**一切關鍵都在於你觸發了什麼、讓什麼開始運作並發揮作用**。

作為一個職場裡孤獨的修煉者，你要問我：孤獨帶給我最大的收穫是什麼？**敞開**、**淡定**、**餘裕**，**更重要的**，**是耐心**。在承億文旅的六年時光，我總是耐心地大量迎接各種經驗、源源不斷而來的挑戰，從沒真正抗拒過。建設開發也做過了、旅店品牌搞起來了、內部創業開公司（後段有更多記述）也經歷了。面對這一切，我從沒多想，就是用耐心去對付它，就將一件一件事，做到它該有的最理想狀態，沒有別的了。

我們來開一間專門給背包客住的輕旅吧

當時，承億文旅的品牌，在那幾年的努力下，已達到某種理想的巔峰狀態。我以為，之後的工作狀態就會進入穩定恆長，再不起任何波瀾與驚奇。然而某日，公司忽然又發表了重大決定，集團將延伸另一個青年旅店的新副品牌，主要訴求背包客與年輕族群。換句話說，我又得開始進入新一波的品牌籌備事務。因為只要與品牌有關的事，都得由品牌開發處負責。而當我把消息帶回部門內，夥伴們雖然一陣哀號，卻懷著「啊，又要開始忙碌了，但這似乎有點有趣」的心情，欣然接下這份工作。很快地，大家又動了起來。而當年，也因為有了承億文旅的品牌成功經驗，要再形塑一個新旅店品牌對我而言，簡直是駕輕就熟。然而，在策畫青年旅店品牌之前，我從未接觸過背包客群，也沒住過青年旅店。靈機一動，我決定先組織一個焦點訪談，了解這些背包客腦袋裡在想什麼。

於是，我找來一群有多年資深背包客經驗的受訪者。**過去在行銷顧問公司的經驗，竟在多年後的此時派上用場，終能感受到，人生還真沒有派不上用場的經**

歷。做完焦點訪談後，我們得到了相當豐富的資料，對於背包客的消費模式，終於有了基礎輪廓。

因為先前承億文旅品牌的成功經驗，輕旅品牌籌備前期少了摸索，後續的資源互助與整合也相當順利。在前期品牌定位確立、完成服務體系框架後，我直接調動部門內一位我很倚重的副手，讓他擔任承億輕旅品牌主理，將後續的事務完成，並由他全程參與輕旅的開業過程。多虧有這位夥伴設計一系列充滿創意的顧客互動體驗，為輕旅品牌的內涵注入活力，展現了與承億文旅截然不同且新鮮的品牌面貌（關於此人的來歷，後段還有更多相關記述）。

除此之外，當年還曾發生另一個插曲。在這異常瘋狂忙碌的工作之際，我收到成功大學一位研究生的請求，**希望能以承億文旅集團的品牌創新，作為論文主題**。奇葩如我，在每天已忙到昏天暗地的情況之下，竟還能硬擠出時間，答應擔任他的論文指導老師。於是，研究生就一邊跟著我記錄輕旅品牌的籌備歷程，一邊進行學術研究，就這樣花了整整一年，他也順利拿到學位，開開心心畢業去了。

為了配合趕工裝修的進度，承億輕旅的籌備節奏多管齊下，紮實、效率而密集。大團隊合作無間地忙碌不到一年後，挾著承億文旅的品牌氣勢，輕旅品牌旋即順利風光開業，還一口氣開了兩間分館。甫一開業，立即受到各方消費公眾的關注，加上源源不絕的媒體宣傳助力，所有成果，都反映在持續於走揚的住房率上；年輕、獨立、共享，有力量的旅行品牌精神，也迅速擄獲年輕消費受眾的心。而我仍一如往常地，低調地擔任背後推手的角色，總在最熱鬧的時刻，有一個最孤獨如常的身影，伴著每一天的日出日落，進出辦公室。**在面對每個值得欣喜的時刻，就像是只要站得老遠地，仰望著夜空燦爛迸發的煙花，就能感覺到心滿意足。**

開書店，保留並延續老嘉義人的集體記憶

在承億文旅工作的這段時光，好像總捨不得閒下來，不久後又有事找上我了。記得在某次每週二早晨的主管早餐會報，戴女士笑得神秘兮兮。臺式炒麵加荷包蛋配一杯冰奶茶，是我每次早餐會報必吃的經典款，我每個星期都很期待這個時刻，所有人熱烈地一邊吃早餐一邊閒聊。「那個，讓我說一下啦。」這是戴女士每

次發言時的起手式，所有人忽然安靜下來。

「我想開一間書店。」戴女士只說了這麼一句。語畢，我才咬進嘴裡的荷包蛋差點掉出來，**那種顫抖程度，簡直直逼輕微中風**。不為什麼，就因為這件事分明是說給我聽的。在眾人一陣驚呼中，戴女士娓娓道來。原來，嘉義市有一間歷史悠久的老牌書店「讀書人文化廣場」，因禁不起時代潮流變遷與消費習慣改變，在歷經幾十年後，即將結束營業。**此舉，是為了保留並延續老嘉義人的集體記憶，更重要的，她想挽留一間屬於在地人的獨立書店。**

這讓我回想起一件陳年往事：多年前，承億文旅首間分館「嘉義商旅」剛開業時，少見的文創感又充滿藝術性的清新風貌，為嘉義帶來全新氣象。因此，那段時期，戴先生每隔一段時間，就會收到一封署名「黃姓市民」的手寫來信，洋洋灑灑、文情並茂地希望承億集團能引進誠品書店，當年我們還真的煞有其事地與誠品接洽，可惜最終未果。沒想到這樣的遺憾，至今將以另一種形式呈現——承億文旅竟然要自己開書店了。

讓走入書店這件事，再次成為嘉義人的日常

戴女士的信念，感動了在場每一個人。我更感念於當年遭人構陷狼狽落水時，她及時一把掬起我的恩情，我明白自己沒有拒絕協助的理由。不久後，書店品牌籌備的專項，就開始推動了。毫無書店品牌經驗的我，隨著每一次籌備會議，以及陸續有書店營運經驗的夥伴加入，我逐漸理解書店的籌備與營運樣貌。同時，我也回過頭研究「讀書人文化廣場」當年營運衰退的癥結。簡單來說，光是賣書營收，無法覆蓋整體營運成本。於是，在營運團隊充分討論後，我們決定以複合式經營作為商業模式。**除了販售書籍之外，更引進臺灣在地文創**、**餐飲品牌進駐**、**成為在地小鎮講堂聚會場所**。而這當中的品牌體系建構、文創品牌合作遴選與行銷公關宣傳，依舊由品牌開發處主責。我們極力保留嘉義的親切質樸作為品牌基調，企圖讓走入書店這件事，再次成為嘉義人的生活日常。

最後，再一次地，就在大團隊的共同努力下，「承億小鎮慢讀」，就這樣被催生出來。後來更多的公眾讚譽，與嘉義市民的好評，都像是因為有了承億文旅，

一路而來的水到渠成，而我們的品牌也一直走在正確的道路上。

記得當年，有時因為工作晚了或應酬結束，我偶爾會開車送戴女士返家。短短的夜間路途，也許談談公事，或聊聊承億文旅一路走來，從草創的混亂、邁向穩定，直到越來越壯大、越來越為人所知的過程。我永遠記得那晚，戴女士笑咪咪地說：**「Kris，我們都是在創造歷史的人耶。」**那時差不多是我任職承億文旅的第五年。不過五年的時光，彷彿已經歷太多事，這些年來，與戴女士的對話，總令我有種洗滌心靈般的自省，心性也被磨礪得越來越豁然穩重。**我何其有幸，人生當中能來到嘉義，擁有這段珍貴的時光。**

話說回來，承億小鎮慢讀之所以能平安誕生，最要感謝的，還有戴先生。他是一個在商言商的企業家，卻願意浪漫無比地砸這麼多錢開書店。當年的我們，似乎都沒有適當機會親口道謝，透過本書，在眾多讀者面前，我想由衷地表達感謝。

在這段「什麼都做」的過程中，我一再被交付各種任務與挑戰，縱使有過疲倦、失意或灰心，但從不構成我放棄的理由。**只要承億文旅需要我，我就竭盡地所能去做。不為什麼飄渺崇高的理由，只因我認為，這就是我應該做的。**

孤獨力高級修煉　第十二課：

- **第一步：** 讓意識從主體與客體、主動與被動之間借位思考；或者試著這樣想：**「我做這份工作不光是為了領薪水，更是憑藉著自身專業，幫助企業成長。」**一旦思維有了借位，自然能取得主導思想，主動洞察自己在企業中的角色，以及如何發揮個人價值。
- **第二步：** 除了敞開、淡定、餘裕，更重要的是耐心。讓心性穩定不躁進，使每件事漸漸熟成。過程中努力不懈，這些付出必會為你換來名為「結果」的餽贈。
- **第三步：** 職場的養成，終究需要透過一而再的過程，來厚實你自身的本質學能。你必得一再經歷、一再累積，直到產生分量。別白來職場這一遭，**就放膽用整副肉身去歷練吧，就像從不曾害怕失去那般。**

一覺醒來「被創業」，半推又半就，最後還是得接受

——忽從勞方變資方，每天都在煩惱薪水發不出來

身在職場，多數人樂於安逸坐辦公室，每日上班下班，指望著老闆準時發薪水，沒事不開心還碎嘴抱怨兩句，就像是一場必然尋常的依存關係。然而，你永遠不會知道，現狀將如何突然被片面改變、場面何時會失控，下一秒便豬羊變色。這些，總在你最意想不到的時刻來臨，從來由不得你好整以暇，安坐迎接。這就是職場興奮、瘋狂、恐怖之處，**你永遠無法預測，接下來有什麼在等著你。**

多數人自小被教育成為一名風險趨避者，害怕涉險，懼於經歷沒把握的事。於是，我們缺乏經歷，對於職場風險幾乎沒有抵禦能力，就像是從沒生過病的人，缺乏抗體，一旦病毒來襲，至多頑強抵抗，最後仍輕易淪落、由其滅噬。

誠如前文所述，作為一個職場中孤獨的修煉者，終其一生，**我致力成為能相對主導自己命運的工作者**，去留走向，只得由我。取得自主權，便能力抗職場慣

性，化被動為主動，因為**我痛恨坐以待斃，寧可選擇奮起冒險**。無論是職場或人生，存乎一繫於無常，就算身不由己，也要力挽狂瀾，直至問心無愧。然而，有些身不由己，它將會帶給你一段意料之外的人生經驗，福禍未知，而你將如何選擇？

上頭片面決定，我「被變成」新公司總經理

這件事是這樣的，簡單來說，就是某天我一覺醒來，**突然從勞方身分，「被變成」要發薪水的資方**。這已經不是孤獨不孤獨的問題了，事後回想起來，總令人渾身顫慄，當時的我似乎沒一刻輕放過自己。

那些年，承億文旅擴張的腳步從沒停下來，除了繼續拓展新館之外，也成立了年輕的副品牌「承億輕旅」與獨立書店品牌「承億小鎮慢讀」，而這些工作範疇都與我有關，每一日，我都負重前行。而就在某個忙碌的早晨，戴先生打了一通電話喊我上樓。「最近很久沒接到他的電話了。」我心裡這麼想著。戴先生的辦公室裡還有戴女士、財務長與其他同事，眾人都已坐定，像是已做好什麼決定，而我，

不過是被通知的一方。

戴先生說：「Kris，我希望你的『品牌發展處』獨立出來，成為一個利潤中心，除了服務集團內的各品牌之外，也能向外發展，自負盈虧。」語畢，我愣了一下。戴女士又補充：「就是要讓品牌發展處成為一個獨立的公司，能向外接案子，有盈利能力，你來當總經理。」

啊？我被片面告知，要變成新公司的總經理了？面對這突如其來的狀況，我當下還沒有充分的判讀資訊，顯得有點猶豫。此時，戴先生又耐不住性子：「不是啦，Kris，做這個決定，你可不可以啦？我們成立新公司，支持你創業。」「問題是，現階段我沒有打算要創業啊！」我心裡犯嘀咕。眼前這麼多雙眼睛看著我，我怎麼總是淪落到被人趕鴨子上架呢？

跟隨戴先生工作多年，我很明白他的心思，一切都是出於好的出發點，他希望工作夥伴能更有發揮、更能獨當一面。但在那個當下，無論接受或拒絕，我都感覺進退維谷。於是，**沒有太多掙扎（因為都是多餘），我答應了這項協議**。

「那就這樣說定，我們在場幾個人各投一些錢進來做資本，推派你做總經理，Kris，你自己也投一些（資金）吧。」就這樣，我回到辦公室，然後，就這樣「被（內部）創業」了，品牌發展處維持原班人馬，換湯不換藥地搖身一變，成了一家設計公司。幾天後，財務長來跟我說明，薪資歸屬與撥付的細節，集團只給我部分的薪資預算，我試算過後，嗯，大部分不足以涵蓋現階段整個部門的薪資。換言之，**其餘不足之處，我必須想辦法向外掙。**

就這樣，我從勞方被變成資方，部門裡的人，開始指望我給大家發薪水；我堂堂冠上了總經理頭銜，也拿出了一筆錢投入其中。「被成立」新公司的那一刻起，開啟了我某種最深層的焦慮，儘管新公司名字叫「找樂子」，實則水深火熱。

哪有出來吃頭路還一直倒賠錢的？沒道理呀

後來的劇情發展是，我並沒有戲劇化地將公司經營有聲有色，更沒有財源滾滾。事實上，我發現我根本無法將所有事情兼顧好，一方面要做好集團內部服務，一方面又要賺錢養活一個十多人的公司，每個月要發數十萬薪水。我只好再請一位業務，但這又要多發一個人的薪水。然而在嘉義，能出得起高預算做設計的公司根本不多，導致**每個月營收只有幾萬元不到，根本入不敷出**。每天早晨睜開眼，我都陷入一種無止盡的超大型焦慮中，想著怎麼才能掙更多錢。「哪有出來吃頭路還倒賠錢的？這沒道理啊！」半年多後，這一天終於到來，財務面有難色地來跟我說：戶頭裡沒錢了，下個月薪水可能發不出來。換句話說，公司資本額已快賠光，連我自己投入的錢也全賠了進去。

到最後不得已，我硬著頭皮去找戴先生。被檢討一陣後，我跟戴先生借到了一筆錢，連開了好幾張支票，終於得以紓困一段期間，並約定逐月償還借款。戴先生沒算我利息，當下我是真心感謝他。然而，事情發展至此，坦言之，我從來沒指望戴先生會因為內部創業，就一筆勾銷此虧損，或是對我法外施恩，**我也不想被同情，只是想盡辦法頑強抵抗**，雖然我根本毫無具體對策。

關於這些經營與資金的壓力，我從沒讓團隊裡任何人知道，如常地進出辦公室，音樂開得大聲、喝咖啡、吃零食、與大家說說笑笑，若無其事。那段時間，下班後大家走光了，我一個人在辦公室，常呆望報表想著：「啊，錢要從哪裡來？」

戴先生當年白手起家時，是不是也經歷過這種痛苦追錢的時光？那一瞬間，我清晰地意識到，**除了我自己，全公司沒人能幫我**。在某種關鍵時刻，所有人都像站在高處，面無表情地俯視著臨淵而立的我。說到底，這是我自己的選擇，我從沒有後悔，就好像人生註定必須經歷這些似的，我決定繼續前進。

最具創意的地方旅遊行銷

某天下午，業務很興奮地跑進我辦公室，表示有一個數百萬元的地方行銷推廣標案，評估後，拿下的機會很高。經過討論與試算，如果這個案子順利接下並完成，賺進來的錢足以清償公司大部分債務。於是，我內心默默決定，**這就是停損點了；幹完這一票，就把公司退場**。這回，就先放手一搏吧。幾週後，經過一番激烈競標爭取，我們奇蹟似地拿下了標案，但要如何通過每項考核指標並順利結案，又是另一項考驗。當年地方政府希望這個觀光推廣活動主軸，只要利用少少的小資預算，就能吃喝玩樂遊，同時，又希望這次活動，能在線上網路聲量與媒體端產生話題熱議與流量。

幾次會議後，我的年輕團隊異想天開，決定打破傳統的地方觀光行銷模式，改找臺灣最大的線上直播媒體平臺合作。首先遴選出五位清新美麗的人氣直播主，再規畫五條旅遊精選觀光路線，分別使用不同的交通工具，**將在地文創小旅行體驗，由直播主無時差直播**。同時活動再搭配各項網路社群抽獎，萬事俱備。活動就這樣熱鬧展開。在過程中，團隊中的每個人都充分展現出專業本能，我更親自帶領著大家，包含創意策畫、視覺設計、媒體公關、廣告片拍攝等，異常辛苦，所有人各司其職，毫無怨言，一次又一次克服過程中發生的問題與考驗。

可能是活動創意真的太有趣，新聞記者會當天，吸引了眾多地方平面與電子媒體，將現場擠得水洩不通。**據說，創下了當地政府舉辦記者會，到場媒體數量最多的一次**，替地方政府賺進大量聲量。除此之外，還有直播主女孩的宅男粉絲們聞風而至，場面熱鬧非凡。女孩們親切開心地與現場媒體及來賓互動。我安靜地站在角落，望著大家疲憊卻還笑著的臉，心底湧上許多歉意與謝意。後續的行銷活動也是風生水起，不但在網路上掀起熱議，各式媒體曝光數量也非常高。計畫書中要求的各項流量指標，終於逐步過關，忙了幾個月，順利結案。送出結案報告書的那一刻，所有人都鬆了一口氣。

儘管力挽狂瀾，我仍堅持清算、解散公司

活動結束後，我仍然向戴先生提出清算、解散公司的要求。唯一美中不足的是，雖然大部分的累虧都已順利抵銷，但仍有些許不足，於是，股東依照各自投資比例認損，包含我也蝕了些許資金，盡力到最後一刻，找樂子公司關門大吉。謝謝戴先生與戴女士看得起我，給了我這次機會，這應算是我人生中首次失敗的創業經驗。而「被歷練過」的這些，都成了我最寶貴的資產，我終究沒有辜負任何人，也沒有辜負自己，都已盡力。經營了一年多的找樂子公司結束後，大家在意識上又回到體制內，感覺仍然輕鬆，一切回復平靜如常。

當時的我獨自坐在辦公室，靜靜地聽著外頭眾人如日常般嬉鬧。那是一個下過雨的午後，空氣清新潮濕。**然而，至此還沒人知道，我即將告別承億文旅。**

孤獨力高級修煉　第十三課：

- **第一步：**職場中，別害怕擁抱風險，就算未知，也不輕易抗拒。我們終究必須透過一次又一次的經歷，令自己成長與熟成，就算顫抖與害怕，也該若無其事地接受。
- **第二步：別把希望寄託在別人身上，那其實是奢望。**無論過程中能否獲得幫助，最終，自己答應的事，還是得負起責任，踏實地好好收拾善後。
- **第三步：**扛不住的時候，無論如何，別走到全盤皆輸那一步，試著想辦法盡最大努力，讓自己留得全身而退。

在垂直與平行的職場關係裡孤獨，終將得出完整的自己
——渡人者：致我那些共事過的同事們

整本書讀到這裡，大家也許覺得奇怪，除了真人版分手擂臺那場荒謬經歷之外，我僅談了主管對於個人職涯的影響（此為垂直關係），卻鮮少提及同事與部屬的互動（此為平行關係），這似乎違反典型職場勵志書的套路。也許我應該將焦點放在教導各位，如何提防辦公室小人的腹黑奸險；或溫情引導你如何與同事好好相處；讓你確信讀完這本書，便能無往不利，而我也能以職場關係專家自居。遺憾的是，我並不會教你如何成為職場中樂觀開朗、人見人愛的工作者。因為我根本性地認為，**人在職場，並不是以成為這種代入感強烈的角色為目標，應該要有更深刻的思維。**

曾在書上讀過一個詞「渡人者」，主要引申為：人們在漫長生命過程中，某

段時刻，總會遇上那樣幾個人，**因緣際會地走在一起，然後，彼此挨著走了一段**。那段路上，給了彼此生活些許支持，但總有一天，下個岔路口，還是得各自走向各自的道路。**告別時，沒有遺憾，不需掛念，也不用感謝**。後來，我有了體悟，職場關係，如是亦然。同事之間，終究是因工作而產生的依存關係。因此，在開始一段職場關係之前，不妨先內觀與自省，這些人與事，終究與自己的人生，有何「關係」？我並不是鼓勵大家忽略職場中所有共事的關係者，而是深度理解，**所謂職場關係，並非「大夥兒的職場關係」，應是「我，與職場的關係」，以一種相對性的立場看待**。修煉孤獨不是要你自私，而是**先用孤獨「立正」自己、反求諸己，正視自身存在的意義**，再求與環境產生關係往來，並給出最多。這也是本書一再聚焦探究的核心。確立職場處事的中心思想後，再力求積極共事、真誠以待，其餘之後，就看造化；反正時候到了，彼此終將分開，各自天涯。

至此，進入職場十多年，我總是秉持給出最多餘裕與敞開的心性，去送迎我生命中，曾出現過的所有同事們。因為對職場關係超然，所以我常自覺與同事緣分淡薄，無論是當下或事後。或許他們從來都覺得，我是一個性格有些孤僻或古怪的人吧。**願意付出、充滿熱情，但始終保持距離，隱約的疏遠感，總橫陳在彼此之間**。是的，這都是我。作為一個孤獨的修煉者，**蓄意在分寸之間拿捏，僅限給出工作中最多餘裕**。其餘的有所保留，只為了忠於做自己。而在這種與同事之間的平行關係裡，我不介意別人怎麼看我，只力求付出，努力不負，評價由人。

故作冷漠，實為暖心主管的帶兵策略

話說，當年再度接手品牌行銷部門，私下有人盛傳，以為我復辟之後，將會用最嚴厲的方式帶領團隊，確保舊事不再重演，團隊成員無不感到畏懼。然而事實上，我只是若無其事，淡淡地，再次確立工作職責與分工後，就繼續帶著大家前進。而經過幾次迭代，團隊成員也逐漸穩定，慢慢地，再沒人知道，前期我曾經歷過的那些痛苦與不堪，而**我也未讓過去絆住我，放下後，就繼續前進**。團隊裡的年輕夥伴，來到嘉義工作與生活，多數離鄉背井，都是因為喜歡承億文旅、熱愛在地文創而聚集於此，工作努力負責，常是忙到昏天暗地，毫無怨言。**關於前述所有風**

光經歷，背後都有參與過承億文旅的這些年輕夥伴支持。因為他們的付出與努力，才讓承億文旅品牌日益壯大，功不可沒。

面對這些年輕人的心意，我唯有好好帶領、維護他們，並任其發揮與成長，這都是我的責任。但表面上，多數時候，**我會刻意裝出淡定，甚至冷漠的模樣。**當年，如果聽到年輕夥伴在言談中，透露喜歡什麼歌手或明星，我會不動聲色地，想辦法透過關係，要到簽名或簽名專輯，然後若無其事地遞出，再看著他們開心驚叫。記得某個夏日午後，大夥上班上到昏沉，當時剛好與電影公司異業合作，多拿到幾張公關票。我便很幼稚地，嚷著把電影票拿出來抽獎。一瞬間，大家像活過來似地，摩拳擦掌，抽完之後，我又恢復平時面無表情的酷樣，叫大家回座位上班。

純樸嘉義的夜晚，沒什麼時髦消遣。有時晚間加班結束，我們會架起投影機，堆了滿桌食物，窩在辦公室看《人形蜈蚣》或《大法師》這類的驚悚電影；也曾有夥伴到漫畫店租了整套的伊藤潤二恐怖漫畫，大家像小學生一樣一冊一冊地輪著看；偶爾我開著車，載大家到 COSTCO 買零食，採買結束後，眾人就坐在外頭喝可樂、吃牛肉捲與披薩，輕鬆地閒話家常。而多數時候的我，總沉默地坐在一旁，望著大家聊得熱切開心。那幾年，我和他們朝夕相處，度過家人般的日常。**那些在嘉義的生活場景，像是套上一道質地懷舊的濾鏡**，日復一日工作與生活的畫面，如同螺旋般溫柔地絞轉，只要沒有人喊停，日子就可以一直眷戀地過下去。

適才適所，就是我的用人哲學

職場上的我，彷彿總拙於用直率的方式表達真實情感。某日，人事來找我，表示公司發了一筆萬把塊的獎金，要我簽收。我望著在辦公室外努力工作的年輕夥伴，沒來由地，念頭一轉，依照團隊成員年資，默默將獎金做了分配，並請人事不動聲色地，隨當月薪資發給大家，不用解釋。如果問我這麼做有何動機或理由，我也說不上來。帶團隊過程中，**我力求使每位夥伴安身立命、適才適所，並有所發揮**。那年，有個完全沒有經驗的櫃檯男孩，得知我的部門有個公關缺額，自告奮勇地毛遂自薦。我望著他熱切的眼神，決定親自帶著他，一步一步成為公關人才，幫著他實現他想要的目標。最終，他也沒讓我失望，做出了成熟出色的表現。另一位有點自負，對文創很有想法的女孩，我也讓她在集團內的書店品牌獨當一面，獨力完成了許多精彩的文創活動與相當有特色的文創市集。

另外，當年部門擴張增員，我挑中了一個男孩來面試。記得面試他的當天，是個下班時間。原本準備開始面試，但臨時被戴女士喊上樓開會，我請他在辦公室稍候。沒想到會議時間拖得有點長，幾小時後，直到晚間接近九點我才回到辦公室，裡頭的燈都已暗下，我原以為他已離開，沒想到，他竟就著會議桌的小燈，還坐在那個位子等待著。他在外漂泊數年，最後想回到嘉義陪伴父母。言談中，他表現出對承億的熱情與想法，最後，我從數十位應徵者中，錄用了他。

一年多後，在承億輕旅的品牌成立之時，我決定讓他獨當一面。與公司討論後，某個下午，我片面告知他這個決定，他顯得十分錯愕，像是被團隊捨棄了一般，但他仍依照我的規畫，移籍承億輕旅，主理品牌與行銷。由於他也有了新主管，**為了不讓事情變得複雜，我開始刻意與他疏遠**。後來的日子，一段時日，我會私下關心他，但公開場合與會議上，有時我會蓄意對他表現得尖銳。直到他終於不負眾望，把承億輕旅的品牌帶得充滿活力，而我，依舊只是站得遠遠地望著。

一年多後的承億文旅尾牙，酒酣耳熱地鬧騰了一晚，人潮逐漸散去，大主管桌只剩我陪著戴先生、戴女士與其他賓客。趁著場面混亂，他怯生生地來到我旁邊，端著一杯酒：「Kris……。」他語落未盡，我笑著望向他，**那一瞬間，他滿眼是淚，我用力揉了揉他的頭，兩個人乾了自己手裡的酒，什麼話都沒有再說。**

我們走過一段，也渡了彼此一段

還有個設計師女孩，養了一隻名為喜八的貓；有著反差極大，暱稱是「楠梓徐若瑄」的工作狂女孩；那個住在嘉義竹崎鄉，高唱著李榮浩《不搭》的藝術家男孩；住在斗六，插畫極好的天份男孩；還有在履歷中寫著「對，我就是鮭魚返鄉的那隻鮭魚」的女孩；住在桃園，喜歡在設計中偷偷加入自己巧思的男孩；住在臺南有點胖但有點可愛，行銷公關也很棒的女孩，還有明明年紀輕輕卻像宅男大叔、腦袋很好的眼鏡男孩；還有晚期加入，沒能來得及好好照顧妳們的設計師女孩；最後是在實習生時期被我帶過，如今仍在承億文旅努力著的女孩；還有其他所有與我共事過的男孩與女孩們，希望後來的日子，你們都能過得很好，我們曾相聚一刻，我知道，我自己做得不夠好，**但很謝謝你們曾陪我走過一段，也渡了彼此一段。**

此刻開始，我們學習不逢迎諂媚，至情至性地，在職場中敞開與付出。你終將發現，此處並沒有這麼多愛恨情仇、爾虞我詐；**唯一重要的，是要圓滿一個充滿餘裕、游刃有餘的自己。**那些所有給出去的餘裕，終將以最輕盈的自由樣貌，返還於自己。而職場中的共事者，總有天要分道揚鑣，所以，請好好把握當下共事的時光、好好款待彼此，一旦分開，就可能是一輩子的事情了。

就相互扶持，帶著彼此到彼岸；互相成就，成為彼此的渡人者。

孤獨力高級修煉　第十四課：

● **第一步**：孤獨的修煉者，該在職場中的平行或垂直關係間定錨。首先思考自身存在於職場的意義，絕不熱衷淪為別人的配角或番外篇，自己該主演的人生，就該踏實地完成。孤獨也好，寂寞也罷。

● **第二步**：拒絕成為別人口中代入感強烈的職場樣貌，先從自身意識建立規則，確立「自己與職場的關係」，並將之奉為恆長的職場圭臬與行事風格，執行到底，不偏不倚。

● **第三步**：職場中，就算做到了最多敞開、給出最多的餘裕，最終還是會有不被理解與不盡人意。只求無愧於己，將之化成若無其事，放下後，繼續往前方的人生邁進。當時急於想解釋的，都交給日後的時間來說明吧。

◉曾經有過，都是一輩子的事
——江湖再見，謝謝老頭家

在這世界上，每一天，都有人加入職場，也有人告別職場；從報到的第一天起，它是個開始，實則，又像是倒數。然而，**告別總是我們最不擅長，卻都需要好好練習的**。而那種所謂「想要辭職」的狀態或心情，究竟，應該如何去理解或定義它？職場裡的來去，從不足為奇；既然總會有離開的一天，所以真正需要學習的，**從來不是告別本身**，而是如何讓自己在這段職場歷程中，無論選擇留下或是離開，都別具意義，並成為生命或記憶中最深刻的一部分。

職場所帶給我們最大的積極性價值，就是**你最終能透過歷練，觸發並逐漸理解到真正的本我**，也啟發你與社會、甚至世界的深度關係與無限可能，這些是你從家庭、朋友、戀人這般的侷限性相處中無法獲得的。因此，回到前文曾談及的，你眼中的職場是什麼樣子，它就會成為什麼樣子。**如果你總是輕視它，那麼終將獲得**

廉價的對待；如果你待它如神聖，它就會好好地莊嚴你。作為一個孤獨的修煉者，長久以來在職場的磨礪，從來不是為了任何一種偉大高尚的理由，我只是想讓走過的每一步，都踏實且有意義，最終不負彼此，不虛此行。

拚命工作，就像害怕再也沒機會做得更多

如今竭力回想，不知為何，好像記不太起真正動了「辭職」這個念頭，到底是在什麼時候。在承億文旅的六年，經歷了九間旅店、一間書店的開業，每一天大大小小，多如牛毛的瑣事，從未讓我停下忙碌的腳步。這樣的工作強度，如今回想起來，仍覺得不可思議，而那些年的自己，都已累到極致，仍一派若無其事地，日復一日。記得在承億文旅的前三年，每年的七天特休假，都像是某種資本一般，被我一再加碼投入在工作中，一天都沒休過。而在承億文旅（包含假日）的每一天，我幾乎都處在各種形式的工作狀態裡，無論行動或者思想。很多看似無關緊要的事情，想到最後，總會歸結到工作上：「如果這件事情辦成了，對公司應該很有幫

助。」我幾近病態地，一心一意想再做更多。**最高紀錄是曾經在二〇一六年六月，連續舉辦了三場開幕記者會**，包含花蓮山知道、承億輕旅高雄館、花蓮館與小鎮慢讀，像是深怕無法再為承億文旅做更多似的。

然而該來的，終究還是會到來。

這一天，是「淡水吹風」的春酒，辦在淡水某間飯店的宴會廳。席間，我忽然接到獵頭回覆的電話，便從喧鬧的春酒會場逃開，躲到無人的安靜角落，飯店音樂在耳邊隱約鼓躁著。獵頭告知我：北京新公司不惜代價，接受了我開出的年薪與任職條件，並逼問我，何時能起身前往任職？千頭萬緒的我，好像終於來到這個時刻。原先規畫辭職後，先回臺中生活一陣，陪陪家人。但沒想到最終協議結果，是**我離開承億文旅後的五天，就必須即刻動身，飛往北京就職**。

開口之際，像是什麼無形的契約被啟動，我答應後，忽然腦袋一片空白。恍惚中，只聽見獵頭熱切地說：「那我馬上回覆對方下 offer。」旋即掛了電話。春酒沒吃完，我已待不下去，沒有驚擾任何人，藉口有事先離開了。跨出包廂門時，我還能聽見裡頭瘋狂玩鬧的尖叫聲，門關上的瞬間，像進入真空般，所有聲音忽然被收細。淡水當晚氣溫驟降，我獨自在街上走著，空氣潮濕而冰冷，抵達捷運站時，依舊人潮洶湧，心卻好像空了一塊。

離職前的每一天，都像與時間拔河

提出辭職沒幾天，消息便很快傳遍公司，不敢置信也好，諸多揣測與猜忌也罷，然而，我始終沒太在意那些耳語，無論如何，所剩時間不多了。「我得加緊速度，再為承億文旅做些事。」某日傍晚，我召集部門的夥伴，進到我的辦公室，沉默一會兒後，對大家告知我的離意。那一刻，有人瞪大眼睛，有人沉默木然，有人流下眼淚。而我只是如常地敘述，無論未來公司安排誰接手我的位子，請大家務必在我離開後至年底，穩定地把年度計畫內安排的事項繼續完成，不因誰的去留，而耽誤公司發展。吩咐完之後，我就讓大家回座位上班了。

我明白，所有人的心思，此刻都已產生變化了。我儘管有些離愁，也沒敢放太多情緒，現在不是感傷的時候。

那些倒數的日子，每一天，都像是與時間拔河。**我的心情不是善後，是根本還放不下。**猶記直到離職當天，我還是像過去每天一樣，依舊忙個不停，好像明天還會繼續來上班。持續交接內部事項的同時，我花了好幾天，對曾經幫助過承億文旅的外部合作方、親近的媒體，逐一致電表達謝意。希望他們能在我離開之後，繼續支持承億文旅。每完成一件事，我就在待辦事項中劃去。**長久以來，孤獨如我，總蓄意拒絕太多溫情的表現，為了只怕自己一下子軟弱，就決定安逸地依賴下去了。唯有自身揣懷的餘裕與孤獨，才能撐著我，令我有以為繼，無畏前進。**

如果你問我：既然這麼放不下，為什麼還要走？其實走與不走，都不是理由；我只是感覺：「啊，時間到了，好久了啊，已經夠了吧，就離開吧。」

離開承億的前一個夜晚，戴先生與幾位同事們，為我舉辦歡送晚宴。來到熟悉的嘉義商旅餐廳包廂，這裡曾乘載過我無數個應酬與胡鬧的爛醉夜晚，別具意義。同事別出心裁地，在包廂門外，擺上兩座非常俗豔的大花圈，其中一個花圈，是給另一位離職同事的，我們倆被一起歡送。

從不習慣當宴會主角，這是第一次，也是最後一次

過去，來到這個包廂時，我總是那個負責炒熱氣氛、搞笑喧鬧的角色。向來習慣當配角的我，忽然變成宴會上的主角，今晚是第一次，也是最後一次。我有些不習慣，甚至有些侷促不安。於是，**原本有很多想說的話，後來，都選擇了沉默。**我逐一微笑地，看著所有人身影，在眼裡流轉。上了幾道菜後，戴女士手裡揣著一瓶一九六九年，要價高昂的Margaux，笑咪咪地走進包廂。她說：「這瓶年份與我年齡相同的紅酒，原本想挑個特別的日子品嘗，今晚就是最好的時刻。」語畢，大夥驚呼之餘，開心熱烈地，湊上去圍觀這瓶名酒。這一晚，我沒讓自己喝醉，只見有人滿臉通紅，有人交頭接耳，有人喋喋不休，我特別清醒地，享受著這段最後的時光。承億文旅對我而言，真是人生中既神奇，又很特別的一段旅程。我這樣一個沒有背景，從臺中到嘉義生活的異鄉人，竟受到戴先生與戴女士多年眷顧，何德何能？晚宴結束前，原本想單獨與戴先生好好道謝，但始終沒有適當機會，於是作罷。**離開時的歸途，終究留下了一些如餘燼的念想，在胸臆中微微發熱。**

在承億文旅經歷了近六個年頭，對我而言，這已不只是一份工作，而是我把三十二至三十七歲最寶貴的人生時光，都奉送給這間公司。而當我把「品牌長」這個職稱，隨著職工識別證，慎之重之地，交還給承億文旅時，我感到相當滿足與自得，我終究沒有辜負它。

那個早晨，像某個日常，我主動走進戴先生辦公室，醞釀些許日子，彼此好像有些不願意，但若有似無地，還是得讓這場對話到來。坐定後，兩個人的對話場景，好像回到二〇一二年面試那一天。戴先生沒問我超過十分鐘的話，甚至連我的履歷都沒仔細看，就決定錄用我。我始終清楚記得，他問我的第一個問題：「你這手錶什麼牌子？金光閃閃的。」回想完這一幕之後，我終於開口表明辭意，彼此都像是了然於心，也沒太多議論或拉扯。戴先生也一貫地輕鬆自若，近乎客套般地，僅簡單挽留了我（「Kris，你為什麼要走啊？」），對我而言，這已是最大的肯定。他仍舊是我熟悉的戴先生，始終桀驁不馴、充滿野心、自信與強大意志，這可能也是我願意追隨他，為他服務近兩千多個日子的最大原因。

承億文旅，再見

離開嘉義的那天，是個週六早晨。行李陸續搬上車，沒有想像中來得多。想著要不要去吃碗雞肉飯再離開，雖想著，卻又打消了念頭。週末的嘉義，陽光耀眼，空氣中伴隨略微濕熱的風。再熟悉不過的街坊風景，還是如常地安靜悠閒。街道上忽然出現胸前掛著單眼相機、三三兩兩的時髦年輕男女，愜意地散著步，應該是來嘉義旅行的旅人吧？站在住了近六年的租屋處前，我給戴先生發了一則準備回臺中的告別短訊。我暫作等待，他很快回覆，並祝我順風。

我將手機收入口袋，上了車，發動引擎，點開音樂，傳來英國搖滾樂團電台司令（Radiohead）的《怪胎》（*Creep*）。**那些日常風景，開始隨著車速，直往身後流逝**。這次，我真的要離開了。如果沒有什麼特別的理由，此生我應該不會再來嘉義了吧？也不會再有這樣瘋狂又令人眷戀的美好時光了吧？隨著電台司令主唱Colin的聲線逐漸昂揚，我將音樂開到最大聲，在車廂裡震耳迴盪。**車速越來越快，忍不住的眼淚，終於潰堤。**

再見，承億文旅。再見，嘉義。大家再見。

北京，我來了。

孤獨力高級修煉　第十五課：

- **第一步：**身在職場，那些來去，都不足為奇；重要的是，我們如何讓自己在這段職場歷程中，無論是留下或是離開，都有其意義與價值。
- **第二步：**你眼中的職場是什麼樣子，它就會成為什麼樣子。如果我們總是輕視它，那麼終將獲得廉價的對待；如果你待它如神聖，它也就會好好地莊嚴你。
- **第三步：**離開時，好好地，妥妥地，把該做的事逐一完善，不是為了別人，而是為了自己，為了這份曾努力付出時日的工作，表達最後一次崇敬。

PART 4

翻篇：千里之外，全新的北京職場生活

——孤獨是狀態也是力量，持續孤獨讓我們持續前進

到了北京，我從不急著積極融入當地職場，首先打開自動導航模式。我所身處的公司，整個集團六千多人，而臺灣人只占不到百位。此次的孤獨力修煉，是呈現倍數般地擴增與急遽放大。你說我有沒有曾經害怕或恐懼過？從未。我就是用這一整副肉身，積極入世，一如往常的我。

離家千里，兩箱行李：北京，北京

——人到中年在奔波，整組砍掉重練

人到中年重新開始，該是一種什麼樣的心情呢？應該要有點壯烈、悲愴，看起來才有故事？那我認為，你可能有點想太多了。職場中的所有放不下，似乎都是源自於對過去光輝與成就的累積有所眷戀，再映照到對未知可能帶來的不可預期風險，於是，在改變與不改變之間，**因為害怕失去更多，於是，無端恐懼就此油然而生**，也就是沒事自己嚇自己。而「放下」，究竟是不是一件難事？在回答這個框架性問題之前，我想說的是，**其實，放下與否，根本不成一件事。**

每一天，職場或人生，總是有各種選擇，爭相擠到我們眼前。不選，日子也就這樣繼續過；選了，也許就會有不同去向。**人之所以會成為當下的自己，都不是一夕之間的改變。而是隨著一次又一次的選擇，日積月累地形塑，最終，會將你帶往該去的境地。**也許偶然，但更多的是必然。不談對錯，無關乎好壞，自己要過的

人生，還是得為自己站出來做主。坦言之，人生也真沒多了不起，就是「想要什麼，就自己去掙」，簡單明瞭。然而，面對恐懼，不用閃躲，也不必表態，就以一種「原來是這樣啊」的狀態淡淡逼視、對峙。沒多久，它也就會自討沒趣地悻悻離開。於是，你就可以繼續前進。

而在這社會上，某些人的身心發展，是遲緩且晚熟的，例如我。人到中年才首次離開臺灣工作，並把整個生活圈移往更遠的北方。與那些搭飛機就像搭高鐵一樣的年輕人相比，我的人生起步還真慢。即便如此，它還是發生了，然後若無其事地，引領我繼續前進。過去輝煌的那些，不言自明地，不都已「過去」了嗎？那些曾在職場中所經歷的，都已內化成人格的一部分；那些事蹟，都已不再有任何實質作用，只剩下「大概知道你做過些什麼」的用途。所以，別再緊抓不放。

作為一個職場裡孤獨的修煉者，透過本書，我不厭其煩地想告訴讀者的觀念是，**只要還能有一具鮮活的肉身、一個孤獨卻明晰的本我意識，其實都已足夠，伴你繼續前行。**

司機開著車，載我深夜奔馳在往張家口的公路上

「啊，好像有點煩，一切又要重頭開始。」深夜凌晨兩點二十分左右，車子載著我和兩箱行李，途經居庸關長城，從京藏高速公路的交流道下，往延慶方向駛去。一路上，司機熱切地與我聊天，頻頻向我勸菸。我笑著搖頭，他暢快地獨自吞雲吐霧，整路沒停，一根接一根。他口中說的話，十句有八句快速而含糊，都是我聽不懂的當地方言。車裡不斷播送的土味舞曲，震耳欲聾，好像很能為他提神似的，他開得帶勁，卻聽得我略起煩躁。漆黑中，高遠的大山稜線靜默肅然，層巒疊嶂；車子張狂的大燈，刺眼地穿破眼前黑暗，快速飛馳在一馬平川的北方大地，持續穿越蕭瑟而高聳的白樺林，不停往前追索。**我抬頭仰望起霧的車窗外，竟是滿天璀璨的星群，高掛夜空，美得令人心驚**，這是我從未見過的景象。

隨著車子越開越向郊野，在看到最後一個標牌往「張家口」之後，已沒有明確的標牌。我一直想像著「如果就這樣被殺人棄屍，那一點都不意外吧」。所幸，凌晨三點半左右，終於順利抵達園區，司機將我載到園區內酒店，為我卸下行李後

便離開。早先出發前，新公司的ＨＲ告訴我，我的公寓鑰匙寄放在酒店櫃檯，到了之後前來領取即可，但如今櫃檯空無一人，大概是躲在後面小房間偷睡覺。我喊了幾聲，一名女孩睡得頭髮凌亂蓬鬆，妝容蒼白，一臉不耐地走出來。我說明來意後，她往酒店櫃檯抽屜裡胡亂翻找一下：「啥也沒有，沒人交代。」語畢，再次用不耐煩的眼神盯著我，像是要打發我似的。問題是，這等深夜，我能去哪裡？

「要不，我今晚開一間客房休息，房費可以由我自己支出。」她搖搖頭，今晚都已客滿。「那……可以讓我窩那邊的沙發嗎？明早我再請公司ＨＲ協助我住宿的問題。」我指著角落，她繼續搖頭。就這樣對峙了五分鐘，女孩下意識地隨意翻找抽屜：「喔，在這兒。」一個信封袋上，寫著「張力中」，她交給我時，一臉若無其事。好，下一個問題是，我不知道公寓在哪裡。我又問了女孩，她遙指了一個遠方：「往那方向走十分鐘就到。」入夜後的北方，溫度驟降，路上漆黑寒冷。「妳能帶我去嗎？」我央求她，她再次搖頭，似乎已拒絕再為我提供任何服務了。而我也不想一直給人添麻煩，於是，拉著兩大箱沉重行李，獨自往她比劃的方向走去。遠方微弱路燈是唯一的指引，而我走向黑暗，就像是被一個黑洞吸入。

黑暗中出現一老翁，指引我前方明路

我不知道新公司HR是這樣做事的，當她口口聲聲打包票說一切都安排妥當，我竟天真地盡信了。但我也不怪她，也許，這樣就是她認為的「安排好了」。狀況還沒結束，我雖然順利摸黑走到小區門口，但一眼望去，小區幅員廣大，大廈林立，路徑錯綜複雜。早先取得的信封袋上還寫著「十號樓一單元」，完全沒有發揮指引作用，一旁的管理室更是空無一人。我絕望地站在漆黑路邊，看著手機時間忖度：「再過幾小時就要天亮了，到時候陸續會有人出門上班。不然，先看怎麼撐到天亮再求援吧。」我呆站路邊，肉體經過整日折騰，已感到相當疲累。忽然，不遠處路燈下，忽地出現一個老人身影，像是變魔術般憑空而出。我不假思索，也顧不了是人是鬼，拉著行李就往他奔去。「請問十號樓一單元怎麼去？」滿臉皺紋的老人一開口，又是我聽不懂的當地方言。他沒等我再繼續問，轉身就往前走，走了一段後便回頭看我一眼，像是示意我跟上，我急著拉上行李尾隨。經過好幾段蜿蜒曲折的小徑，來到一棟大廈前，赫然一看，正是「十號樓一單元」。**我正準備開心**

地回頭向他道謝之際，而老人竟就這樣消失在黑暗裡，我東張西望，遍尋不著。就當他是特地現身救我的土地公吧。

公司同事來自五湖四海，講話沒一句聽得懂

離開酒店後折騰了一個多小時，此刻我終於再次進到室內。迅速洗完澡、稍做整理，時間已是凌晨五點，預計兩小時後天亮，HR會來帶我前往辦公室，辦理入職手續。五天前，我人還在溫暖的臺灣嘉義小鎮，五天後，人已出現在北京近郊，靠近河北交界的延慶區張山營鎮，準備開始我的全新職涯。獨自躺在陌生而柔軟的床上，一切的改變太過快速，都還沒能好好感受。發了手機簡訊向家人報平安，很快地，我陷入睡眠。好像才一閉眼，瞬間就天亮了，滿室光線。幾小時前的陰鬱，全都灰飛湮滅。空氣清爽、乾淨且冷冽，外頭陽光明媚，晴空萬里。雖然還有些倦意，但精神不錯，我像新生入學般，穿上整套西裝，在約定地點終於與（該死的）HR見上面。

「張總您好，昨晚深夜抵達很辛苦吧，這就帶您到辦公室。」望著她，我若無其事地微笑著，隨著她走進辦公大樓。映入眼簾的，是一個開放型的大辦公室，同時容納了上百名工作者。除了總裁級的有個人辦公室外，所有人都一視同仁地，在這個開放式的場域打拚。對話聲嘈雜地此起彼落，除了普通話之外，來自五湖四海的人，各自操著不同口音，急促地交談、忙進忙出。**在他們之間，只有一個站在原地安靜的我。**

我任職的新公司，並不是一般人熟知的臺商公司，而是一間標準純中資的地產集團。集團的各項目遍布各城市與海外，總員工人數超過數萬人，頗具規模。我的工作從此刻起，便已與臺灣毫無關係了，我也沒有自己獨立的辦公室了。

忙了一上午辦理好入職手續，HR安排我與大主管，也就是事業群副總裁會面，是一位女性。早先在臺灣時，已與她通過電話，所以不算生疏。她到過臺灣，也喜歡臺灣，聽聞公司早期也聘過臺籍幹部，但當時，我在辦公室一個也沒遇上。我的頭銜此刻起，也從「品牌長」換成「策畫總監」。當時與獵頭溝通的主要工作內容，是要協助企業進行文創營運體系的建立與推動。

然而，與副總裁談完之後，奇異的是，工作內容好像又不是這樣了。**不光是文創這塊，我還必須擔負集團從「傳統地產」轉型為「度假旅遊地產」的商業模式，提出落地執行方案**，包含住宿、餐飲、文創商業等營運模式整合與完成。聽完後，我一愣，公司成千上萬人，這樣一個重要任務，怎會由一個剛到職的臺灣人來處理？不等我繼續發問，「你就先弄著唄。」副總裁笑著說。

我好像又上了另一艘賊船，而且是更大艘的那種，航空母艦等級。

耐心觀察、定錨，找出施力點，重新布局

接下來幾天，我陸續被安排拜會各事業群，未來在業務推動上有關聯的主管，逐步釐清現狀。簡言之，公司隨大環境政策改變，必須面臨企業轉型，但具體方向還在集思廣益與摸索，尚未聚焦。而為什麼不讓公司現有的人來推動，主要是這批人都是傳統地產營銷思維，缺乏商業模式的創新意識，他們想找一個外部的人來主責，沒想到，竟跨海找到在臺灣的我。

其實，我不太知道他們哪裡來的靈感，認為我能勝任這項重大的工作。但對於這巨大的未知，我從未感到恐懼或無所適從，只是孤獨地觀察與守望著，憑藉著連日來的龐大對話與各種觀察，我逐步條理、核實，並重複印證出我想要看到的實況，找出施力點。不僅是專業角色上的確認，**同時，我也若無其事地，著手定錨我身在這個職場中的政治定位；無論如何，我得先布局。**

以為來北京工作沒什麼難，第一次開會就被毀三觀

某天週五下午，我突然被通知參加一個大項目的開發會議。走進會議室時已是滿座，與會人士都是各事業群的總裁與副總裁，來頭都不小，我只得儘快找到一個邊角座位坐下，再不找位子坐，待會兒就等著站好站滿。就在那個當下，我忽然回想起，早年在承億文旅，作為管理團隊的核心成員，開會時，我的位子都是理所當然地被預留的。如今，我強烈意識到，身在這個超大型集團的體制內，所有人來自四面八方，高深莫測，來勢洶洶，我變得非常微渺至極，一種前所未有的局面，

向我迎面撲來，這下真的是砍掉重練了。

會議開始，主持者是基金投顧事業群的一位老總。一開口，就是河南鄭州方言，嘩啦嘩啦一長串，竟然沒有一句我聽得懂，我瞪大雙眼。會議開始，所有人持續熱絡討論，而我聽得懂的內容幾乎不到一半，至此，我的三觀（世界觀、人生觀、價值觀）完全被摧毀。原以為來北京工作，彼此都講普通話，應該不是什麼難事。原來，事情沒這麼簡單，**接下來的職場生活，我得先搞懂，他們究竟在說什麼**。嗯，好像有點有趣了。

本節副標說「人到中年在奔波」，聽來悲催，其實只是調皮地想吸引讀者注意。真實的我，面對接下來的更多未知，那種想探索與冒險的強烈意念，持續在我的血脈裡熱烈竄動。坦白說，此刻的我雖然已屆中年，但無論從外表與心態，我始終保持著高昂的新鮮意志，隨時做好捨棄與重新開始的準備，因此本章的孤獨力修煉課，再次回到「初級」階段，象徵整組砍掉重練的新境地。**越是孤獨，我的內心越是旺盛且昂揚**。面對全新的職場，再次以整副肉身投入並擁抱，無懼無畏。

孤獨力初級修煉　第一課：

- **第一步：**職場生涯中的每次改變與轉換，無須視之為恐懼，而是嶄新機會與可能的開始。同時，更要慶幸自身還能有所選擇，還擁有改變人生的主導權。
- **第二步：**面對所有未知時，在客觀訊息尚未蒐集完全之前，無須立刻做主觀判斷。就讓思緒持續被外在環境釋放的訊息洗滌，什麼都不用多想，你只需一個勁兒地，緩著，去逐一經歷。
- **第三步：**別老是害怕自己準備不夠，或一無所有。試著回想，當年誕生在這個世界上時，不也是從一無所有、憑著一具肉身就開始了，你怎麼就忘了當時你有多孤獨，卻也完好地生存至今，是吧？只要還活得好好的，就什麼都好說。

有關係就沒關係，故意不搞關係，到底有沒有關係？

——熟悉又陌生，又近又遙遠的北京職場觀察實錄

篇章持續至此，因為場景大幅轉變的關係，並加入了「文化差異」這個因變數，也讓本質面的職場關係思維，產生了某種結構性的異變。在談及建立關係前，我們先從「進入新環境時，應該做什麼樣的思想準備」開始。其實很簡單，**對外時，永遠不帶偏見**，不以主觀思維看待所有人事物；不用單一角度或定向思考去解讀事物。生動一點來說，就是不以管窺象，因為人不會永遠只有一種面向。於是，**時常保持敏銳且不動聲色的觀察**，這是在建立關係前與後，必須持續的思想鍛鍊。同時，**內觀時，不因人廢言**，不直接套用別人的說法，不要存在被誤導的刻板印象與偏見。你得親身與每一個個體真實地有過交流或相處後，再得出專屬於你的判斷，然後才適當地羅織這個角色，並放入你職場關係的思想結構中。

核心價值依舊是不變的**敞開及餘裕**。特別在進入一個職場新環境時，這兩項

尤其重要。**敞開實是一種以退為進**，先蓄意讓別人從工作的互動中，充分理解你的職場性格，但非毫無保留；此舉同時是為了，**盡可能讓所有人能從言行中理解你**，你也能藉此找出頻率相近者。實際上，他們所看到的，是你蓄意設計想給他們看到的。而餘裕，則用以度量與你互動的人，你能與他們建立何種程度的關係，**先毫無保留地大量給出，縱使吃些虧也沒關係**。簡單來說，就是「不用急，先讓他演一會兒」。等到能盡可能掌握職場所有關係人實像，對方是什麼樣的人，一清二楚後，再逐一畫上刻度，慢慢收斂至你認為的理想狀態，確立應對關係與互動模式。

急著建立關係或討好他人，只會顯得你廉價

我罕見地想要做一些批評。那些一開始，就亟欲在你剛進入職場或新環境之際，熱切地想要你與外界「建立各種友好關係」的職場專家，有時，真令我困惑與費解。所有的友好關係，是來自於**個人在職場上的專業能力被認可後**，**所伴隨而來的某種額外嘉許**。我們都清楚，身在職場，從不是要以「做個好人」為目標，如果

沒有專業能力作為基礎，只是一味地想討好任何人，那都會讓你看起來十分廉價，並被視為低層次的汲營。

我想告訴讀者的是，不用急，先把自己的狀態落定，才能逐漸與外界接通。思想體系要如何運行，你要能全由自己穩穩地主宰。這也是為什麼我一再提及要修煉孤獨——**唯有透過孤獨來澄澈內心，再對外界降噪，最終，找到自己最鮮明且自如的存在。**

在進入北京職場的觀察前，我又想岔題，談談關於「臺灣人同鄉組織」這樣的存在。當我剛開始在北京工作時，因為輾轉的人脈關係，總有些熱心的職場友人穿針引線，想把我帶進臺灣人同鄉組織，美言為方便彼此好照應，互通有無。我不否定這樣的組織，有其必要的存在性。但抱歉，就個人非常主觀的想法而言，**對於這種自以為沆瀣一氣、集體行動、抱團取暖的蓄意存在，都讓我打從內心感到深沉無比的厭惡。**一段好的職場人脈關係，最好的狀態應是透過各自於職場中不斷地淬煉，**最終，當雙方高度能互有匹配之時，所有好的關係，都會來到身邊。**在這樣的關係締結之前，我們唯有孤獨地努力發光。

儘管外貌相近，思維卻是南轅北轍

在這全新的北京職場中，我最意外的，是兩地之間的文化差異。儘管雙方外貌相近，但**在根本的思維上，卻是南轅北轍**。在北京職場的每一天，都令我大開眼界，足夠我不斷攝取、探索。就算過去在臺灣常從報章媒體上讀到關於北京的報導，我從不盡信，甚至不信。我只相信透過親身經驗得到的理解。

在北京職場中，常常在辦公室裡聽到「領導」這兩字，三句話不離領導。這裡所謂的領導，望文生義，指的就是「主管、上司」之意。此地較傳統的國企或是民企，通常還是會保留這樣的稱呼。於是，我每天工作，耳邊就是此起彼落的領導：「領導喜歡這麼做，不按領導說的去做待會兒就挨批，一切聽從領導吩咐與安排。」這樣的職場風氣，引發了我的類比思考。**在臺灣，職場中的我輩，較能見到獨立思考**、**靈活開放**，**擅於原創與不受框架的行事方式**；而在北京，似乎所有人群體性意識強烈、服從性高，總是趨避成為異端。同時矛盾的是，在這樣的集體意識中，又總想令自己成為渴望被看到的存在，獲得領導的嘉賞與認同。喜歡在領導面前求表現，表現出強烈的求生意志，並大刷存在感。於是，這讓我想起了一件關於「狼性」的往事。

宴席只剩一個座位，竟被蠻橫奪走，我這樣回擊

入職大約兩、三個月後的某個夜晚，園區內的酒店宴會廳舉辦了一場飯局，設席兩桌，邀請辦公室裡總監級以上的主管參加，除了總監級以上，包含主席、總裁、副總裁等主管都應邀出席。時間未到，所有人都已出現在宴會廳，但沒人敢入座，應是在等待主席抵達。不久後主席到了，所有人皆魚貫就座。設席兩桌的概念是「大主管桌」與「非主管桌」。原本我準備走向非主管桌，也就是總監們那桌。忽然，一個不知名的大主管喊住我：「你來坐這桌吧，主席喜歡跟臺灣人聊天。」眼看大主管桌只剩一個位子，我準備就座之際，沒想到，電光火石，一個遲來的別部門女性總監，**就像綜藝節目玩大風吹一樣，竟一把將我推開，搶先一屁股坐下**，一臉若無其事並帶著竊喜。一瞬間，所有人都望著我，因為全場只剩我一人站著。

我冷靜地望向「非主管桌」，已經坐滿了，很好，那一刻，我成為全場焦點。有幾人微笑望向我，應該是抱著看好戲的心情。

在那個當下，我只是不慌不忙，毫無尷尬地喊了服務生：「請幫我在這裡加張椅子好嗎？以及能否冒昧麻煩各位領導，一起擠一擠好嗎？」眾人聽我這麼說，很快地動起來，為我騰出一個空位。等待的時光特別漫長，那服務生不知去哪搬椅子，一直不見人影。**而我就安靜微笑地，站在那名女同事旁邊，從她腦門看下去，清楚感受到她如坐針氈**。椅子來了，我指定擺到她旁邊，與她比鄰而坐，坐定後，還親切與她點頭示意。宴會開始，我越是落落大方地與她交談，她就越感到心虛。席間，她頻頻請我抽菸示好（是的，北京有些酒店是允許室內抽菸的），我也十分隨和地與之互動，彷彿剛才的尷尬都沒發生過似的。

除了與我互動之外，她也開始積極與其他總裁級主管互動，逐一敬酒、以各種言語奉承，似乎**為了掩蓋剛才的尷尬**，**積極到近乎狼狽**。而我，只是安靜低調地，與其他主管輕快聊天，開朗回應他們對於臺灣近況的好奇，產業發展，以及我個人的背景經歷等。席間互動良好，而我簡練有禮、不亢不卑，**沒把他們當領導**，

大家都是職業經理人。散宴時，我獲得同桌一半以上的大主管主動要求加我微信。這其實也算不上什麼收穫，只是竟就這樣又參與了一場實境秀，也見識到所謂狼性：「喔，原來是這樣啊。」

貼文只為強調自己工作認真或討讚，這也太不純粹了

到了北京工作之後，當地生活與職場中，較常使用的訊息軟體是微信，而微信有個功能名為「朋友圈」，大致上也是用來分享生活記事、當日心情或發發牢騷。而在臺灣，就我的觀察，不論是LINE或臉書，使用者的發文傾向大致都很平均：美食、奢侈品、旅行，雖然仍帶有些許炫耀的氣味，但大多是**自我生活如流水的抒發，首重自我生活的營造**；我們似乎也能比較真實地，透過社群平臺理解這個人大致上的生活型態或輪廓。

而在我北京的微信朋友圈中，目前幾乎有一半以上（甚至更多）都是同事。然而，我發現到一種集群且鮮明的有趣現象。**多數人都在談工作、加班，並毫無保**

留地展現「熱愛工作」的情懷，彷彿人越是累、越是越忙，就越要表現出快樂的樣子。然後，下方留言串就會受到許多人的讚美與追捧。而一旦要他們展現工作以外的生活面貌時，則是乏善可陳，拍攝的照片通常沒什麼美感也就罷了，他們發文中最常表達的情境是：「快說我美！快說我棒！快稱讚我！」這等於是在說：「我貼文就是為了獲得別人稱讚，而非單純記錄自己的生活或是自我取悅。」對我而言，這樣的發文動機實在太不純粹了。

不願公開在平臺上按讚，卻私下表示羨慕我的生活

相較於此，我的發文，大抵是我煮過的每一餐、看過的每部電影、讀過的每本書、一些用手機錄下的生活片段，都是無關緊要的瑣事，甚至有些廢。按讚數很少，原以為是同事們不感興趣，神奇的是，我已在無數個私下場合，碰上許多人對我說：「你煮的每一餐看起來都好好吃啊，好有儀式感。」、「你讀過好多書啊，看完你的讀後感我也想去找來讀了。」、「你拍的照片都很有意境，有學過攝影

嗎？」姑且不論是否為客套或場面話，在我所處的職場關係中，**這些同事似乎不習慣在社交平臺公開稱讚「娛樂行為」，好像稱讚了，就是認同這種「不積極向上、不加班」的生活方式**。比起這樣，還不如時時刻刻提醒領導「我常加班、工作很辛苦」。以上是我從觀察中得到的結論，荒謬得令人失笑。

然而，我並非帶著輕蔑的眼光看待這一切，相反地，我想透過這等文化差異，認真深刻地多理解一些。前文提及的那名搶我座位的女同事，在那次之後，我也沒對她產生任何負面的刻板印象，在後來的工作日常中彼此也多有互動。透過理解我才發現，她是一名工作努力、認真、積極的現場主管，但很害怕被認為工作不努力、怕自己的付出沒被看見，所以一遇到有大主管在的場合，便會自然發作、積極地刷存在感，我還真有點同情她。**這些人所展現的狼性，是否可能是源自於某種莫名的自卑感，只得透過積極的侵略性掩飾？**或亟欲希望得到他人認可，刻意展現出偽裝的自信？最終，只是緣求能確保生存罷了。

這些一再被摺疊而失去原貌的思想，變得失落與扭曲。於此，我得出了粗略的側寫：**如何在職場中定錨，並識清真正的自己，始終是一門重要的課題**，無論是何種人，無論身在臺灣或北京。而我，仍透過每一天的相處與觀察，持續地感受，並細緻地理解。一理解下去，才發現，發展遠比我想得還要荒謬與不可思議，簡直可以用鄉野奇譚來形容了。而我，對此興味盎然。

孤獨力初級修煉　第二課：

- **第一步：**接觸新的人事物時，請務必捐棄過往的耳聞傳言、刻板印象與定見。**有些真正的價值與機會，是來自於自身獨到的理解之後，才會如沙金般被細細地淘取出來，且專屬於你。**
- **第二步：**說到底，並沒有所謂真正的文化差異，因為每個獨立個體，原本就帶有與生俱來的差異，包含自我價值觀與養成；我們唯一要做的，就是讓這些差異流入血脈中，無論好壞，都用全部的身心去感受、理解它。
- **第三步：**越荒謬、越混亂、越無法理解，越讓人受不了，才是價值的奧義所在。如果你面對的一切都井然有序、充滿條理，你的機會在哪裡？

◉就是不寫簡體字，就是要講臺灣腔

——被同化，還是成為異端？孤獨總是標準配備

職場往往是殘酷的，特別是當你自己也渾然不覺，終日渾渾噩噩，存在得不知其所以然的時候。如何為職場角色定錨？這件事從來都不容易，也實在沒有模式依循，更沒有標準答案。於是乎，為了清晰定義自身存在，我們只得不斷地在職場中歷練，並向著內心探索。之所以用這段論述替本節開場，是因為我已領略，**多年在職場中，選擇以孤獨來磨礪心性，最後不知不覺，竟成就了自身相當鮮明的存在**。以孤獨為修煉，其實是一種**相對選擇**，我們終究得適性而為，無論是成為一個孤獨的修煉者；或是熱愛擁抱社交的交際人，從沒有好壞對錯。只要你能識清自己，知道任一選擇背後的意義與價值，就將其進行到底、步伐不停，直到這一切能化為助力，發揮你想要的作用。

此外，我也曾在其他同在北京工作的臺灣人身上，觀察到些許有趣奇情的現

象。他們為了求取認同，迅速融入當地環境，於是改變說話用語、說話音調、甚至整個人的氣質與樣態，徹頭徹尾地「在地化」了。然而，誠如前文所述，所有改變無關乎好壞對錯，但我對此倒是有些不同的想法。當時公司跨海求才，肯定是現有的人無法滿足其用人需求，或是他們出於某種專業上的特殊考量，才會找上遠在千里之外的我。說穿了，他們要的不就是我在臺灣所歷練的專業特質嗎？**如果我一到職就變得在地化，那便失去「舶來魅力」了，不是嗎？**不消說，我這完全是一種劍走偏鋒、出奇制勝的心態。

工作內容從文創產業規畫，衍生成吃到飽的一站式服務

不僅如此，我只奉行自己的生活行事，不為任何客觀理由，活得極其主觀。例如，因工作場合所需，我會依照公司常業往來要求，以簡體字版本提交方案，這是因為在工作上我不想給別人添麻煩。然而，在通訊軟體或對日常對話時，我還是習慣用繁體字；你說我講話有臺灣腔，那我就繼續講臺灣腔（因為我真學不來兒化

韻啊）。那源自於血脈裡與生俱來的孤獨，終究驅動我做出這樣的選擇。

然而，從不介意做一個異端的我，意外地，卻完全沒感受到任何問題存在，不知不覺，順順利利，工作竟也滿兩年了。

回到工作層面，話說經過一段時日後，雖還未能掌握全局，但已能抓到某種節奏與感覺。我原本的工作內容，僅需負責文創產業規畫即可，沒想到與副總裁一晤後，竟衍生成要替集團內所有特色小鎮，進行大規模的營運指導與規畫，範疇遍布各省各城，內容繁雜、包羅萬象。包含小鎮頂層品牌定位設計、商業模式確立、營運、特色服務、定價與產品體系，再加上投資財務模型測算與營運損益測算，到最後，**我根本成了吃到飽的一站式服務**。幸運的是，過去所有的工作實務經驗，竟奇蹟似地全派上用場。廣告公司、行銷顧問公司、餐飲集團、文創設計旅店集團的**工作手感，像是集大成一般，為我助力所用**。於是，我不厭其煩地，一次又一次耐心地協助他們建立起體系，也毫不藏私地將我所知專業，全部傾授而出。

慢慢地，在與集團內各大項目的在地同事交流一段時日後，我的專業能力逐漸傳開，攢了一些名聲。許多人開始流傳：「總部有一個很厲害的臺灣人，在品牌、營運、文創的專業素養很足，有問題可以問他。」面對爭相湧來的美譽與關係締結，我一貫地始終保持距離、友善且低調。**需要工作上協助，我非常敞開且樂意，但要再談到其他的，抱歉，再沒有更多了，除非我願意。**

滿屋子都是總經理？這場接待也太勞師動眾

期間，隨著接觸的人越多，我不斷與集團內各地同事進行溝通交流，北京、上海、鄭州、廣州、昭平湖等，累積了許多人物樣本，供我描繪職場實態。原以為，早已被孤獨訓練至「入定」境界，這回真有被嚇到，並發掘了一些極為有趣的職場現象。上一節我們談到了狼性，極有可能只是「披著羊皮的狼」，這回，我要列舉更多極為荒謬、更加光怪陸離的例子。

例如某次，我到某個項目出差。在會議室中，負責接洽的人一一將其他同事介紹給我認識：「這位是李總、這位是王總、這位是楊總、這位是趙總……。」介紹完畢，整間會議室竟都是總經理級的？我受寵若驚，以為被大陣仗接待了，這也太勞師動眾。會後才知，這裡的「總」，跟正規定義上的「總」，天差地別。當天在場之人，全是經理級以下的同仁，分屬不同職能。**直喊他們總，原來只是某種隨口的恭維與奉承罷了**，不具任何實質意義，人人都有一頂大帽子，看來風風光光。得知這樣的職場文化後，真令我啼笑皆非。而我為了不讓自己看起來這麼愚蠢，索性之後每接觸到新同事與新環境，在自我介紹時，我總笑著對大家說：「叫我力中或Kris就好了。」我總認為，**踏踏實實做一個自己認識的自己，感覺容易些了**，但此地的職場文化似乎不這麼想。

每次開會，都像在看央視直播春晚

上述情況都還算小事，真正曾撼動我的，是差點以為，連孤獨力都不管用了。我發現北京職場中，從上到下，多數人口條清晰、思想敏捷靈活。在對話或口舌爭鋒上，似乎從沒讓自己占下風，無論是思辨或反唇相譏。我以為這就是所謂的狼性，激發了每個人的求生本能，能言善道都是天賦。**身為臺灣人的我**，常感覺對話思慮跟不上他們的節奏，相形之外，竟有些詞拙，竟感覺遠不如人。於是，每回在開方案會議時，**人人能言善道，渾身表演細胞，氣勢凌人**。每次開會，都像在看央視春晚直播。而這些都是當年在臺灣工作時，所見不到的格局與氣勢。我原本已做好準備，打算遇強則強，再次磨礪自己職能了。看到真相浮出後，才發現根本不是這麼一回事，且接觸越多，詭異現象益發明顯。

原來，方案講得天花亂墜，一旦要落地執行，**講了滿滿十分，可能真正能落實的部分，有時根本不到三分**。他只是擅長畫大餅，毫無策略性思維，根本不知從哪下手。原來，這又是某種普遍性的職場文化，**現場氣勢不能輸人，無論如何，牛皮先吹了再說，越大越好**。至於要怎麼善後？之後再說吧，反正大家都一樣，人人都在吹牛皮，誰有空理誰，誰又想拆穿誰？**這種狼性，本質上竟是虛張聲勢**。儘管這可能是大環境營造的某種原罪，但想改變的人，終究能有所改變。面對如此虛假膨脹的職場文化，要被同化，還是成為異端？此刻對我而言，來到了一種關鍵性選擇。是要同流合汙，或是不合流？後來，我決定選擇後者。

沒錯，我就是來扭轉你們企業文化的

之後，當聽取完這些大鳴大放的方案，來到私下檢討方案的時候，我總是一貫敞開、懇切地與所有人說：「想法與概念，其實都很好，現在，我們嘗試剝除形容與贅言，以落地且做得到為目標，一起努力思考，怎麼讓它如實呈現。」語畢，**他們原本混濁熱燥的瞳孔，忽然，都像是清醒似的，全都澄澈冷靜下來了**；也像是一滴化學試劑，滴進一潭黑色汙水中，忽然，水質變得異常澄澈，似乎從沒人對他們說過如此誠實的話似的。

過程中，我不帶嘲諷、不帶輕視、毫無藏私，不多說，只陪著他們踏實做事。努力一段時日後，所有提交上來的策畫方案，越見清晰與條理，雖然他們在某些不重要的篇幅，仍忍不住想多吹牛兩句，但比起昔日，已相對顯著地踏實許多。隨著協助提升工作品質的同時，也逐漸讓人明白了我的做事方式：敞開、餘裕，更多的是踏實。雖稱不上完全扭轉企業文化，但終究是帶來了正向改變，不違背自己信念，對他人也無所辜負，真正地，做到了理想中的自己。

一段時日後，在某個私下喝酒的場合，我曾被某位當地主管如此評論過：「力中啊，骨子裡傲得很，工作能力好得沒話說。但是啊，看不上眼的人，一句話都不會多說。」我友善地笑著，算是默認，沒太多反駁，也沒在意是褒是貶。一年多後，集團組織架構異動，我從原本龐大事業群中的一個次級單位，直接調任至總管理處，擔負更大範圍的指導權責，在組織中的角色，越來越深刻與洗練，存在感十足。唯一不變的，我依舊如常，低調行事。最後，**無論面對再龐大的滔滔不絕，我總是不慌不忙，只用我的臺灣腔，就用我的方式，就事論事，就說我想說的話，繼續成為組織裡，最鮮明而踏實的異端。**

孤獨力初級修煉　第三課：

- **第一步：**面對職場的相對不理性，於情於理，合流絕非最佳上策。**成為異端，有時候是一種出路。**然而要成為異端，先要理解組織中所缺乏的價值缺口，進一步補位，並持續鋪墊與深化，毫無躁進，低調進行。

- **第二步：**無須為了成為異端而成為異端，要先明白異端這個設定，對於自身與組織的意義價值為何。劍走偏鋒，方能成就武林絕學。
- **第三步：**不將文化差異作為自我設限的第一步，而是視為自我成長的機會與觸媒。而面對任何已存在的職場文化現狀，與其抵制它，更好的方法是**「理解它、擁抱它、改變它」，最終讓它變得更好，最後，達成共好。**

關於我那些武功高強的獵頭們

——在職場上選擇，或是被選擇的大揭密

許多人以為，上班下班，日復一日，「工作」二字，就是「身在職場，拿勞力換錢」；那麼「職業」呢？僅只是被賦予的一種頭銜嗎？好像也說得過去。然而如果細緻探究，工作與職業之間，仍有本質上的深刻差異，而這樣的差異存乎於心態。把「這件事」當成工作，僅是終日埋首當下，獲得的是時間與金錢般抵換的等比報酬；但當你把「這件事」當成職業，則會令人**帶著使命感持續遠望與追求，最終不僅是報酬，包含人生整體發展，都將呈現趨勢向上的態勢**。於是，就像站在分岔口，任何的選擇都會在經歷一定的時間之後，把現在的你，帶往差異極大的人生。也許你會問：「為何要把職場走得這麼艱難？」因為**我們主動為自己做出的每一次選擇，終將是希望能夠擁有不被選擇的人生**；在未來某時的恆長狀態，生活眼見所及，都是自己喜歡的人、事、物。

在職場積極追求的真正目的，**不單只是財富自由，更多是思想的自由，甚至是靈魂的自由。**職場裡孤獨的修煉者，每一天都有其背後最深沉縝密的思量。這本書終於來到倒數第二個篇章，讀者也陪我再次回顧了十四個年頭。而這一節，是想寫給與我一樣，有著孤獨性格、卻總是缺乏臨門一腳的職業經理人。我們一樣孤獨、一樣努力不懈。然而別忘了，職場中，埋首工作之餘，你得有些方法，讓「某些人」看見，成為你的助力。那會是誰？答案是「獵頭」。

雞肉飯吃到一半，獵頭打電話來

時間回到二〇一四年，承億文旅的桃城茶樣子剛開業沒多久，某日下班，我又在大啖我最愛的雞肉飯。當我吃得不亦樂乎、滿嘴是油的時候，我的手機響了，是一通陌生電話。對方表明自己是獵頭。我當下一時沒反應過來，還以為是什麼新型態推銷或是詐騙電話，正當想掛斷之際，她很快地表示：是從某位媒體友人得知我聯繫方式的。接下來獵頭單刀直入，臺灣有個大型旅店集團的新副品牌正在籌備，企業主正巧看見桃城茶樣子的開幕記者會與後續相關報導，想找背後的品牌行銷操盤手聊聊。於是獵頭接受業主委託，耗費一番心力，終於輾轉找到我。「你真是低調，有夠難找的啦。」對方抱怨了兩句。在那個當下，我並無任何欣喜，只是費解與困惑。我這麼平凡，全臺灣比我出色的品牌行銷高手多如牛毛，哪有什麼好獵的？同時，承億文旅也才正要開始發光，於是，當下便婉拒獵頭邀請，只想繼續把剩下的雞肉飯吃完。

然而，獵頭不死心，又再追問我一句：「那您有相關職業經歷資料，讓我備檔參考嗎？我好與企業主回覆。比如CV（Curriculum Vitae，簡歷表）或者Linkedin（領英）？」聽到這個陌生的英文單字，**我一愣，竟脫口而出：「拎什麼？」沒想到這麼隨口一問，竟問出一個全新的局面。**

故事到這裡，請容我親切聲明：**本書並未與領英有任何置入或商務配合**，純粹是領英確實為我的職業生涯，發揮了極為超展開的魔幻作用。簡要花些篇幅為讀者介紹一下領英這個社交平臺。簡單來說，領英是常人所言職場版臉書；兩者最大的差異是：**領英社交模式是定向的，只談個人職場專業經歷，非常簡單**。開誠布公地，將所有過往的職業經歷，毫無美化、逐一據實地登載上去，任由來自全球的職業經理人，毫無疆界地交流。你們互為朋友，彼此也打量對方，雙方職業高度是否匹配，或是未來能否產生商業利益或商務合作，這些似乎都成為彼此是否能成為朋友的條件。更精準來說，**你可以在領英上找到潛在人脈**。同時，**領英是個去中心化的自我行銷平臺，當你決定在上頭好好經營自己時，機會便會主動找上門來**，再不需要像傳統的人力銀行那樣，被人當成一顆蘿蔔或白菜，擺在菜市場的攤檔上，供人揀選叫賣。

從不覺得自己優秀，但我知道如何讓人看見

在領英上，職業經歷與成就，是你唯一最寶貴的資產與籌碼。我一直認為，領英是很真實，也極度殘忍的職業社交平臺。如果沒有持續在職場努力與鋪墊，你現在所擁有的短淺經歷不會陪你演戲，也不會在你的職涯中發揮任何價值性作用。於是，職業經理人除了在線下職場努力之外，同時也在領英上展現自己。**因為全球**

數以萬計的獵頭，也隱身在領英裡暗地逡巡，接受企業主委託，伺機獵捕適合的職業經理人，為其謀求更好職業發展。

接到獵頭電話後的某個週末下午，我將歷年職業生涯，逐一登載至領英。另一種奇特的職場社交關係就此展開。上頭沒有造作的開場白、也沒有多贅的寒暄，一份檔案，一目瞭然。我與臺灣及全球的職業經理人大量互動，也嘗試理解更多資深職業經理人其職場脈絡過程，作為學習對象；當然也有人在上面做業務、做傳直銷等，各式各樣、形形色色。然而，只要清楚自己存乎於此的目的，那些都不礙事。於是這些年來，我定期維護、更新領英上的職涯經歷，日復一日，也逐漸吸引各方獵頭關注，將各種橄欖枝遞到我面前。隨著自身職業經歷越來越豐厚，各種新工作機會，最終都能由我選擇。

坦言之，**我從不覺得自己特別優秀，但我明白如何掌握自己、發揮優勢，以及如何被看到**。時至今日，終於，我在某種形式上，成為了能夠主動選擇工作的人，再也不被工作選擇。而我也清楚認知，身為一名職業經理人，長久以來，我只是忠於職場中的自我、努力為自己增值，如今，過去那些以年歲累積的職場專業，都化成了真實的價值，能被好好尊重與對待。**所謂職業經理人，不是一種結論，而是一種狀態**；也不是必須得幹到什麼總字輩的，才能稱得上職業經理人。我總認為，無論你身處職場的基層或中階，只要每天積極主動面對職場所發生的事物，始終帶著使命感付出，無愧當下，那麼，在這個方向上前進的你，都正是以職業經理人的身分，在路上持續邁進。

行動暗號：「張總，看機會嗎？」

這些年與我有過聯繫的獵頭，粗估超過上百位，臺灣與北京都有。而當我開始與各界獵頭「發生關係」之後，也逐步熟悉了所謂「候選人與獵頭」的互動模式。那些武功高強的獵頭們，總是不動聲色、源源不斷地，暗自將他們認為適合我的機會交到我手上，然後，再像是飛簷走壁般，凌越離開。

獵頭與我之間的暗號是「張總，看機會嗎？」而長期與獵頭保持活躍關係，有助於自我理解，**自己目前累積的職業經歷含金量，並透過與不同獵頭的互動，從**

不同角度，逐漸比對出自身最有利的職場優勢與樣貌。隨著時間一長，與我保持密切關係的獵頭，持續收斂至不到十來位，他們對我的狀況，瞭若指掌。這些獵頭有男有女，工作能力專業又出色，有的甚至比我還年輕許多，他們長期活躍於企業與企業之間，深諳企業對職業經理人的需求。

我對已有默契的獵頭從不隱瞞，他們是我的前哨站，也能謀取最多訊息，我對他們充分敞開，也時常主動更新我的職位現況。如此一來，他們就能為我找到最適合的機會，形成共生關係。到最後，我甚至還能自己主動提出要求：「那個公司的某某職位有沒有機會，幫我打聽一下？」獵頭一聽也跟著熱血了：「好，我去了解。」因此，**我手邊經常性地保持著二至三個新工作機會供我選擇，但我從不貿然輕言跳槽。**

之所以揣著這些機會，只是為了讓自己更無後顧之憂；我能更從容本質地，專注於工作本身，將工作做好。一旦職場在我所不能控制的情況下，發生異變或威脅，我能隨時留有後路，全身而退或轉進。**作為職業經理人，必要有萬全準備，不能讓自己曝於險境，而獵頭能為你助力。**

先讓自己有價值，才能期待被人看見

獵頭這種去中心化的求職模式與觀念很新，但也不是什麼多了不起的事。**若要論與獵頭互動的核心主軸，還是得把自己的職業經歷鍛鍊扎實**；再者，擬好一份「包含某某但不僅限於某某」的希望職位（是的，就算密謀跳槽，我們仍要做到最大的敞開），交給獵頭媒合。最後，大家可以算算自己的年薪，是否夠讓你滿意（或至少還可以接受），就這麼簡單。然而，如果第一項沒能達成，後續的考量也就不會發生了。在漫長職場人生中，坐懷孤獨修煉已久，我總是保持低調，而在思想布局上，始終活躍。長年來，我不斷竭力透徹與識清自己，屹立於理想狀態，厚積薄發，不役於外，始終游刃有餘。

我要特別謝謝一把將我踐到北京的獵頭，各位若也想讓職場人生產生變化，就上領英搜尋「Vivien Yeh」吧。也歡迎大家到上頭找我（「張力中 Kris J.」），就讓我們以職業經理人的醒覺，展開一場別開生面的全新互動。

孤獨力初級修煉　第四課：

- **第一步：**我們主動為自己做出的每一次選擇，終將是希望往後能擁有不被選擇的人生，在未來某時的恆長狀態，生活的眼見所及，都是自己喜歡的人、事、物。
- **第二步：**留意來到身邊的各種際遇，為自己尋得更多的可能。所有會發生的，都帶有啟示意義；所有供你選擇的，都將可能在過程中產生作用。
- **第三步：**你做的是一份工作，或是職業？今天開始，我們一起思考。

◉致虛極，守靜篤：一直還在孤獨的路上
——就寫到在河北省海坨高山上，籌備冬季奧運酒店品牌

漫長職場中，我們始終精勤，步履不停。但隨著時間一拉長，一不注意，好像會讓人走到倦了，或心態老了。那就像是一場午後揮之不去的倦意，瀰漫昏昏欲睡的氣味。然後，**那種自以為是的濃烈資深感，或是無比厚重的老練感，一再地侵蝕著新鮮的意志**，直至腐敗而再也無法激盪，倏忽之間，當心態比肉身老得更快，連帶地，生命也順勢老了，委靡至極。

「我是什麼時候開始，停止讓人生繼續前進的？」多數人渾然不知。

我始終相信，只要持續鍛鍊心理素質，就能凌越生理素質限制，將肉身開發至超乎想像的絕佳狀態，燃燒地更為極致。某種概念上來說，**一個出色的職業經理人，要像是運動員一般，令自己常保極為旺盛的續航力**，讓意念永遠常保新鮮。作為職場中孤獨的修煉者，我後來深刻體悟，我們始終是在自己能力所及的範圍，一

再力抗體制所設下的窠臼，無論是涉險或危難，都只為尋得一條杳無人跡的朗朗生路。一如年輕時的我，成功跳級考上研究所，憑藉著荒誕狼狽的泳技與意志力，獨自奮游上岸，濕淋淋地望著對岸的一群人，而他們怔怔地回望我。雖然孤獨又疏離，而當時那暢快的感受，迄今仍令我難忘。我明白，**如果眼前終究有所選擇，而我必會一再涉險，毫無猶豫。**

抉擇不難，抉擇之後如何持續下去，才難

來到北京工作已近乎兩年。在這之前我從未想像過，此地與我的人生際遇，到底有什麼關係，除了持續理解並感受文化差異之外，我也不忘打磨自己的工作本事。而北京與臺灣職場之間，對我而言最大的差異，就是從一個面向前線的光鮮工作環境，轉變為退居幕後的幕僚角色，堪稱銷聲匿跡般的，徹底消失在臺灣親友的視線之內，完完全全從頭來過。在這段期間，我最常聽到的問題是：「你怎麼有辦法這麼做？」或是「你是如何下定決心的？」，我總似乎無法具體描述。這令我想

起多年前一部英國電影《雙面情人》（*Sliding Door*）某一幕：女主角趕在地鐵關門前，順利闖入車廂；同一時刻，也留下一個未趕上地鐵的女主角，劇情分成了兩條支線：趕上地鐵，與沒趕上地鐵的女主角，憑藉著一個抉擇，竟完全改變她們各自後來的命運。

我想說的是，抉擇從來不是一件難事，**真正要面對的，是抉擇之後，你要如何持續走下去？**就這樣，當時做出抉擇後，我耐心沉著，雖偶爾會泛起無端的慌亂，但我毫不躁動或搖擺。我打定主意，就跟著時間繼續前進。

就在我於北京工作屆滿一年有餘之後，出現了一些改變。集團內的一個小鎮項目，正好位於二〇二二年北京冬季冰雪奧運的指定場地，躬逢其盛地，趕上奧運觀光發展熱潮。為搶占冬奧賽事期間的住宿需求與旅遊市場，我們開始著手規畫一個大型的度假村酒店品牌籌備案。原計畫是委由瑞士一間外籍酒店管理公司主責，然而經過多次交涉，雙方未能有所共識，最後仍不幸破局。眼看離預定開業期限只剩不到一年，各項內外部資源或團隊也未能完全整合，所有人都顯得有些束手無策，這個新項目儼然成了一個燙手山芋。沒想到，長期以來一直擔任著幕僚，協助擬定集團內各大項目方案，猶如教練或裁判角色的我，在那場破局會議結束後，突然就被公司高層指著腦袋：「**你，你們（我的團隊成員），下場當球員。**」當下，我愣了三秒。是的，公司決定不假手外人，由內部團隊來接手籌備酒店品牌。

上山蓋酒店，人生再度超展開

新項目位於河北一座名為海坨山的高山上，主峰海拔二二四一公尺，最低溫可至零下十幾度，最高溫不過十多度。在集團大項目團隊進駐之前，周邊只有三個小村落。放眼望去，除了大山，還是大山。幾十平方公里內的村裡居民人口，只有幾百人，杳無人跡。然而在接手這份業務之前，我就曾到訪過這個高山小鎮。當時懷著考察采風的目的前來，心情輕鬆愜意。如今沒想到竟要每天上山工作。面對突如其來的新任務，我沒有太多戲劇化情緒轉折，不過稍微做了一些身心上的調整，隔週開始，便搭上狹小的接駁班車，揭開了日日上山勞動的生活。

我像小學生一樣，每日準時地站在路邊的站牌等待。蜿蜒曲折的顛簸山路，上山下山共兩趟，單趟車程近一小時。曾聽同事說：「這趟路啊，共有一百二十二個彎。」還真嚇了我一跳。上山工作的時光，生活就像當兵時與大部隊作息般，中午午餐時間，端著鐵餐盤，在食堂排隊打飯。有小鎮保安、有一笑就能看見一咧白牙的黝黑農民工，也有來自各個省分、操著不同口音的同事。有時與陌生同事同桌，聊天時只要一開口，我這鮮明的臺灣腔，總會引發大家好奇，在這種北方的荒山野嶺，怎麼會憑空冒出一個臺灣人？在北京郊區的大高山上籌備酒店，真可謂超乎想像，意外的人生初體驗超展開。

時間流逝，山上景色伴著季節持續變化。我見過滿山綠意蓊鬱的森林，也感受秋日童山濯濯的蒼涼，更難忘的，是身處極寒的冬日雪國大地，那段有點難捱的時日。北風冷冽刺骨，耳朵凍到僵硬毫無知覺，眼睫毛結上一層薄霜，每一步，都舉步維艱。然而，無論外在環境如何險惡，奇異的是，我從不覺特別痛苦或撕裂，只感覺身在當下之時，**就讓肉身毫無保留地去經歷，並將心靈解離，將希望放置在最高遠之處，當意志忽爾軟弱時，還能有所仰望與憧憬。**

天氣晴朗時，我往興建中的酒店基地一步站高，便能遠眺一望無際的山巒，不禁感受到此刻的存在，就像是神明的囑咐與指引，生命似乎就是得來過這一遭。這是在一年多前，深處溫暖的臺灣南方嘉義小鎮時，未能想到過的人生景況。

不怕得罪人，做一個最清醒的異端

另一方面，開業前期籌備，也緊鑼密鼓地展開。在很短的時間內，與當地項目夥伴結成新團隊一同共事，我再次被新的文化職場體驗洗滌。由於團隊組成磨合不易，籌備初期常有摩擦，更多的是沒有共識與責任歸屬不清，在每件需要被決策的事情上，常常是會而不議、議而不決、決而不行。又或是風險趨避的天性使然，部分團隊成員的心態與思想慣性被動，常是消極對待，以拖代賑，於是每次對話中，都是少不了的抱怨：「誰又如何了，誰又讓人感到不耐，誰又在擺爛。」到最後，總淪落成互相指責推諉，套句當地職場用語，就是「扯皮」，沒人能從中獲得好處。

有時，與臺灣友人閒談兩地職場現象時，總會得到這種回覆：「他們就是這樣啦。」然而，我並不完全認同這種論調，不僅刻板，還充滿偏見。我總認為，無論走到哪裡，職場什麼人都有。**真正左右這些人的，是職場風氣。**而我在其中的價值，第一步是發現問題，接著，願意提出什麼行動決策應對、要不要改變（改變他人或改變自己），才是事情關鍵。為了打破僵局，偶爾我不惜拿出自己的「職場額度」消費，並再次選擇成為異端，時而隱晦、時而直接，**在會議中技巧性地蓄意製造衝突。**目的便是試圖點醒充滿濃厚睡意的困境，讓他們知道，這個團隊裡還是有人醒著的，並且願意跳出來做一個改變團隊風氣的人，而這個人，還是一個遠道而來的臺灣人。

我明白，這可能是在踩線，或是妨害某些人的既得利益。**然而身在職場，若不走正道，我大老遠地離家千里，又有何意義？**我從不害怕外在的各種失去，我只明白，緊擁自身存在並且相信自己，就已足夠。而在一段時間的努力之後，漸漸地，團隊成員們逐漸改變意識，將心房敞開，狀況有了起色，籌備推動也順暢起來，每個人都能全心投入。冬奧酒店也即將於下個月初（二〇一九年五月）正式開業，所有人都非常期待。

就從此刻起，我們開始孤獨

我的故事就寫到這裡。明日，我依舊會搭著接駁班車，上山前往河北的海坨高山工作，彷若無人知曉地，以孤獨的身影踽踽獨行，一如昨日。

感謝大家讀完我的故事，但這不是個結束，**接下來，故事主角輪到你了**。在各自前往人生目的地的時間線裡，我們竭力在屬於自己的故事中追尋、渴望活出不同的版本。**不害怕失去，也別害怕一無所有**。來到世上一遭，踉蹌也好，荒謬也罷，我們終究還有一份最鮮明又孤獨的意志，引領自己，努力向著想要的人生，義無反顧，奔赴而去。

就從今日、當下、此刻起，我們開始孤獨。

最後，要在此特別鳴謝我的兩位主管：張莉女士以及孫耀生先生。謝謝兩位帶給我臺灣翻篇之後的北京職場，最不一樣的精彩人生。

孤獨力初級修煉　第五課：

- **第一步：**別讓文化差異的刻板思維，成為你消極行事的藉口。積極感受、親自實踐。當發現問題，努力讓自己發揮改變現況的作用，無論是以任何形式。
- **第二步：**在職場最混沌的時刻，別輕易讓自己淪落。**你不需要成為救世主，也無須輕易涉險，但要讓自己始終是那個清醒的異端，**這將是你職場尊嚴的底線。
- **第三步：**不論身在何處，或是當前如何窒礙困頓，卸下自縛，**當你選擇了改變，最困難的部分就已經過去。**接著，就讓這一切發生吧。

後記

寫在萬般孤獨之後

來到北京生活了一段時日，過著日常規律的工作生活，偶爾與幾個爺們同事到村裡燒烤小店，吃串燒、喝白酒，聽聽他們吹牛打屁。除此之外，大部分的時光，都處於獨自一人的狀態，幾乎可以用離群索居來形容。我一個人做菜、一個人看書、一個人散步、一個人看著網路電視及電影。我會興味盎然地按著遙控器，存下許多喜歡看的電影，總想著來日消磨。

然而，在北京的工作與生活，也不是全然孤獨隻身的；後來我的團隊裡，延攬了首位臺籍團隊夥伴張瑞夫。瑞夫在早些時候，毅然離開五光十色的娛樂圈，轉進地產集團，與我一起籌備酒店品牌，也協助我共同審查集團內各小鎮營運策畫方案與財務報表。瑞夫是位年輕且出色的職業經理人，這段時間以來，一直是我很好的得力助手，我很感謝他。

假日一時興起，我會背著背包進城，買上一杯熱美式，漫無目的地，將自己丟進北京老胡同裡，如探險般隨意遊蕩著。也許是雍和宮周邊的五道營、國子監、南鑼鼓巷、張自忠路，或遠一些的煙袋斜街、東交民巷。也曾登上過人擠人的景山公園瞭望臺，遠遙整座紫禁城。餓了，就隨意買一份街邊的煎餅果子或烤冷麵果腹。晚了，就住進老胡同裡宅院改建的民宿，做一天速成的老北京人，只為了醒來能迎接老胡同裡的某個晨光日常。嗯，老感覺自己活得挺有儀式感的，不知不覺，這樣一個臺灣人，已很熟悉北京生活的氣味了。

這些年持續轉換、親身閱歷過的一段又一段人生場景，帶給自己確實且深刻的存在感。**我始終孤獨，卻從未感到寂寞**。曾走過的十四年職場時光，被我以文字篆刻、積稿成書的瞬間，似乎都已變成他人故事，不再屬於我。「這個人，原來已經走得這麼遠了啊」我心裡有著這樣的感受，如此陌生又遙遠。

寫到後記了，我仍想殷切地告訴讀者，**別慌，一步一步，在你自己的時間線上前進，誰有成就、誰有錢，無須比較，不用羨慕，都與你無關**。只要你能感覺比一年前、三年前、五年甚至十年前的自己更進步，你就是在往正確的方向前進。

讀完這本書後，你也許不會獲得奉行圭臬，或歸納式的定向答案，但你能得到一種清晰明確的依循，作為你人生蹊徑另闢的全新可能。那就是**從現在開始，培養屬於你的孤獨力**。相信我，無論正在讀著這本書的你是幾歲，何時開始都不晚。就算要花個一、兩年調校磨礪，**能再次認識自己，都相當值得**。最後，希望每位讀者，都能成為一個擁懷孤獨、自由自在、從心所欲而不踰矩的職場工作者。

除此之外，我也為這本書開設了臉書粉專「張力中／Kris J」，我將在上頭繼續刊載《張力中的孤獨力》全新番外篇，一些沒在書中登場的隱藏版人物與故事，都將陸續上載，更加爆笑、荒謬、哀傷、充滿戲劇張力。歡迎有興趣的讀者移駕線上收看。而在撰寫本書的這段期間，我同時也在籌備我的首部電影腳本，期待很快可以帶著全新身分、全新作品，與讀者們再次見面。

本書最後的篇幅，慎之重之地，我要獻給承億文旅集團的戴淑玲女士：謝謝您的關照，千言萬語，不勝感荷。

職場方舟 009

張力中的孤獨力

孤獨，讓學習與思考更有威力

作　　者　張力中
封面設計　職日設計
內頁設計　江慧雯
主　　編　李志煌
行銷主任　汪家緯
總 編 輯　林淑雯
社　　長　郭重興
發行人兼出版總監　曾大福

形象團隊　叁良文化整合行銷
封面攝影　張伊含
妝髮造型　楊心慧
美術設計　李朱奇
特別感謝 Mr. Manners 贊助鞋款

出 版 者　方舟文化出版
發　　行　遠足文化事業股份有限公司
231 新北市新店區民權路108-2號9樓
電話：（02）2218-1417
傳真：（02）8667-1851
劃撥帳號：19504465
戶名：遠足文化事業股份有限公司
客服專線　0800-221-029
E-MAIL　service@bookrep.com.tw
網　　站　www.bookrep.com.tw
印　　製　通南彩印股份有限公司
電　　話　（02）2221-3532
法律顧問　華洋法律事務所 蘇文生律師
定　　價　400元
初版一刷　2019年6月

國家圖書館出版品預行編目（CIP）資料

張力中的孤獨力：孤獨，讓學習與思考更有威力／
張力中著. -- 初版
--新北市：方舟文化出版：遠足文化發行，2019.06
352面；14.8×21公分. --（職場方舟：0ACA0009）
ISBN 978-986-97453-4-5（平裝）
1. 商業理財、2. 職場管理、3. 工作法、4. 自我成長

494.35　　108005795

讀者意見回函

謝謝您購買此書。為加強對讀者的服務，請您撥冗詳細填寫本卡各資料欄，我們將會針對您給的意
加以改進，不定期提供您最新的出版訊息與優惠活動。您的支持與鼓勵，將使我們更加努力，製作
符合讀者期待的出版品。

讀者資料　請清楚填寫您的資料以方便我們寄書訊給您

姓　名：　　　　　　性別：□男　□女　年齡：

地　址：

E-mail：

電　話：　　　　　　手機：　　　　　　傳真：

您購入本書之書店為：

《張力中的孤獨力》購書抽獎活動

參加辦法

購買本書，填妥本讀者回函卡資料，寄回方舟文化出版，即可參加抽獎。

贈品／**【2019「全台最美飯店」承億文旅 VIP 貴賓住宿券】**

價值NT$4,800～10,000元。共抽出三名。

（此為樣張，無法使

必看！住宿券使用說明：

1. 憑本券平日可入住承億文旅系列飯店**高級雙人房**或**四人房**乙晚（不包含桃城茶樣子、墾丁雅客小半島），依房型附贈早餐。
2. 憑本券平日可入住桃城茶樣子、墾丁雅客小半島**標準雙人房**，依房型附贈早餐。
3. 憑本券**兩張**不分平假日可免費入住承億文旅系列飯店**獨賣套房**。
4. 本券農曆春節不適用，假日與旺日須加價使用，價格依各分館現場規定為準，詳情請電洽各分館服務人員。
5. 本券為不記名票券，如有遺失、被竊、毀損之強行，恕不重新開立或補發。
6. 本券須加蓋本公司鋼印始具效用，恕無法與其他優惠並用，不得轉售、轉贈，亦不得轉折為現金。
7. 持本券訂房敬請於住宿日期**14天前**來電至本飯店辦理預約；辦理住宿登記時請攜帶本券正本交由櫃檯人員收回。
8. 本券須遵守本飯店相關規範，且飯店保有最終解釋權，未盡之事項，以現場規定為準，如有疑義請電洽各分館服務人員。
9. **使用期限：半年（2019.09.01.-2020.02.29）**

活動起迄日　即日起至 2019 年 8 月 1 日止，郵戳為憑。

得獎者公布日　2019 年 8 月 10 日公布於方舟文化 FB。

完整詳盡的活動訊息及公布、兌獎方式，請見方舟文化臉書粉絲專頁，一起來參加吧！

方舟文化
臉書粉絲專頁

廣	告		回			信
臺灣北區郵政管理局登記證						
第	1	4	4	3	7	號

請直接投郵・郵資由本公司支付

23141
新北市新店區民權路108-2號9樓
遠足文化事業股份有限公司 收

讀書共和國
BOOK REPUBLIC www.bookrep.com.tw

請沿線對折裝訂後寄回，謝謝！

方舟出版

職場方舟009

張力中的孤獨力

提升英語職行
挑戰世界舞台 打造你的職場力！
求職面試 必備技
畢業就成為搶手貨
投出的上百封履歷總是石沉
好不容易得到的面
要如何留下完美的第一
求職路上，讓TutorABC成為你的
英語力就是你的職場
限時推出職場修
讓你成為職場
英文商業談判技巧
讓你輕鬆成為談判高手
每次應酬談生意，總是卡卡不成交？
掌握談判關鍵技巧，你也可以是「健談王」。
限時推出超成功對話術
讓你輕鬆搞定難纏客戶！
掃我了解更多 >>
大膽說英文 讓你輕鬆打開世界
TutorABC | T館